JN221796

実務者のための製品・設備のライフサイクルメンテナンス入門

髙田祥三／著

森北出版

まえがき

資源・環境問題の深刻化に対処するために，サーキュラーエコノミーが提唱されている．その行動計画の中では，製品・設備の価値をできるだけ長く維持し廃棄物を最小化する社会が目指されている．そのためには，製品・設備の状態を的確に把握し，将来の変化の予測に基づいて適切な対応策を計画・実行するとともに，その結果の評価に応じて改善を繰り返すことによって，製品・設備のライフサイクルを通じた環境負荷，資源消費，コストを抑え，創出する価値を最大化することが必要である．メンテナンスはまさにそのための活動である．

このように，メンテナンスはライフサイクル管理における主要な活動として位置づけられるが，それは多くの技術によって支えられている．しかし，これまでのメンテナンスに関する書籍を見ると，たとえば異常検知・診断技術など，個々の技術について解説するものは多く存在するが，計画から実行，評価，改善までのメンテナンス活動全般にかかわる技術については，特定分野または特定の製品・設備に特化したものはあるものの，一般的，総合的立場から解説した書籍は少ない．

そのような状況を踏まえ，自らが携わっているメンテナンス活動を改めて見直したいという人や，これからメンテナンスの実務や研究に携わろうとしている人にとって最低限必要と考えられる基本的な事項をまとめたのが本書である．

これまで，メンテナンスについては，対象製品・設備ごと，あるいは分野ごとに議論されることが多く，技術や知識の共有化が進まないという問題があった．そこで，本書では，特定の製品や設備を前提としないメンテナンス技術の体系化を目指した(著者のバックグラウンドから事例が機械系の製品・設備に偏ってはいるが)．もちろん，製品・設備の種類や分野ごとにメンテナンスの考え方や適用すべき技術に違いは存在するが，それがどのような劣化・故障の特性やそれらの影響の特徴によっているのかを明らかにすることで，一般性のある議論が可能になると考えた．

また，実際のメンテナンス活動においては，個々の技術を理解するだけでなく，それらをどのように組み合わせて適用すればよいのかというメンテナンスマネジメントの観点での議論が必要である．最近の言葉でいえば，Prescriptive Maintenance を目指すということだが，そのために，基本メンテナンス計画手法やライフサイクルの各段階で生じるマネジメント課題の例示にも紙面を割いた．

本書の内容の多くは大学の研究室でともに研究に取り組んでくれた多くの学生の努力によって生み出されたものである.彼らの貢献なくして本書は生まれなかった,また,様々な企業との共同研究を通じても多くのことを学ばせていただいた.この場を借りて深く感謝の意を表したい.さらに,学会・研究会等の場で多くの方々から貴重な意見をいただいたことも,本書をまとめるうえで大いに役立った.ここに深く感謝する次第である,

また,つたない原稿を丁寧にチェック,修正して本書の出版にこぎつけてくださった森北出版株式会社富井氏には御礼の言葉もない.

最後に,本書の執筆について,背中を押し続けてくれた家族に感謝する.

2024 年 10 月

髙田祥三

目　次

1 持続可能な社会を支えるライフサイクルメンテナンス

メンテナンスの目的は，対象の製品・設備†がそのライフサイクルを通じて要求された機能を発揮できるようにすることである．モノを効果的にかつ長期にわたって活用することは，資源・環境問題に配慮した持続可能な社会の実現にとって重要なことである．ライフサイクルメンテナンスとは，このような観点から，製品・設備ライフサイクル管理の中核技術として，メンテナンス技術を位置づけようというものである．この章では，持続可能な社会の実現に向けた取り組みを概観し，そのような背景の下で求められるメンテナンス技術の役割と最近の動向について触れる．

1.1 持続可能な社会の実現に向けた取り組み

近年，地球温暖化の進行，資源リスクの高まりなどにより，社会の持続可能性についての危機感が強く意識されるようになってきている．持続可能性の概念を明確に打ち出したのは，国連の環境と開発に関する世界委員会においてブルントラント委員長（当時ノルウェー首相）の下でとりまとめられ，1987 年に公表された報告書 “Our Common Future” である[1]．その中では，持続可能な開発を，「将来の世代の欲求を満たしつつ，現在の世代の欲求も満足させるような開発」と定義した．その後，1992 年に開催された国連環境開発会議（通称リオ・サミット）を契機に，様々な分野で資源・環境問題への取り組みがなされるようになってきた．日本においても，循環型社会の実現が提唱され，従来の，大量生産，大量消費，大量廃棄の生産パラダイムを持続可能な循環型に転換すべく，3R (Reduce, Reuse, Recycling) をキーワードにした様々な取り組みがなされるようになった．**表 1.1** に，日本における循環型生産に関するここ 30 数年間の取り組みの例を，国際的な動きと併せて

† メンテナンスの対象は，自動車，家電などの一般消費者が使用する製品から，工場等で使用する設備，さらには建築物，輸送機器，インフラ施設など多岐にわたる．それぞれの対象に応じたメンテナンス上の特徴は存在するが，本書では，できるだけ対象にかかわらず適用できるメンテナンスの基本的な考え方を述べるという趣旨から，メンテナンスの対象を総称して「製品・設備」とよぶことにする．

表1.1　循環型生産に関する取り組みの例（＊はEUを中心とした国際動向）

年	おもな取り組み
1987	Our Common Future（国連報告書）*
1992	国連環境開発会議（リオ・サミット）*
1993	Prof. Leo Altingによる国際生産アカデミーでのライフサイクルコンセプトの提唱*
1994	第1回EcoBalance国際会議開催，コメットサークル発表（リコー）
1995	LCA日本フォーラム設立，複写機のリユースリサイクルシステム（富士ゼロックス）
1996	インバースマニュファクチャリングフォーラム設立
1997	京都議定書採択*
1998	レンズ付きフィルムの循環工場（富士フイルム）
1999	第1回EcoDesign国際シンポジウム開催，第1回エコプロダクツ展示会開催
2000	容器包装リサイクル法施行，ELV指令発効*
2001	循環型社会形成推進基本法・家電リサイクル法・食品リサイクル法施行
2002	建築リサイクル法施行
2003	WEEE指令・RoHS指令発効*
2005	自動車リサイクル法本格施行，EuP指令発効*
2006	環境効率改善度指標「ファクターX」標準化ガイドライン発表，アーティクルマネジメント推進協議会設立
2007	REACH規則発効*
2011	Roadmap to a Resource Efficient Europe発表*
2013	小型家電リサイクル法施行
2015	パリ協定採択*，EU action plan for the Circular Economy発表*
2019	欧州グリーンディール発表*
2020	革新的環境イノベーション戦略策定，2050年カーボンニュートラル宣言，EU Taxonomy規則発効*，New Circular Action Plan発表*
2022	EU Sustainable products initiative発表*
2023	GX推進法成立，GX推進戦略決定
2024	EUエコデザイン規則発効*

示す．

循環型生産の理念は，モノは循環，機能は更新である．すなわち，ユーザが求めているのは，モノそのものではなく，モノが発揮する機能であるから，要求される機能が発揮できる限りはモノを循環的に利用することで，省資源，低環境負荷を実現しようということである．ただし，循環の前に，投入資源と環境負荷の削減努力が必要なことはいうまでもない．また，一口に循環といっても，図1.1に示すようにメンテナンス，製品リユース，部品リユース，リサイクルなど様々な循環経路が存在する．一般的には，内側の循環ほど資源・環境面での負荷が小さく，3Rの推

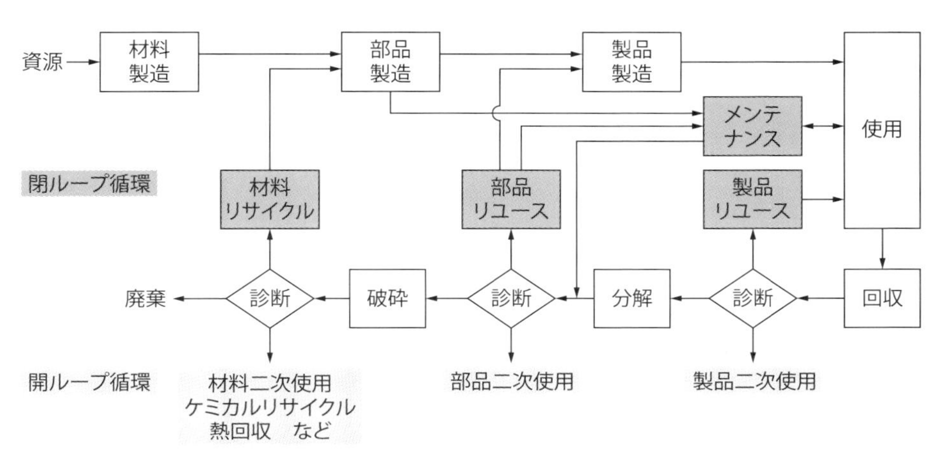

図 1.1 循環型生産における多様な循環方式

奨においても，優先順位は Reduce, Reuse, Recycling の順である．なお，リユースに関しては，使用が中止された製品・設備にどの程度手を加えるかによって，リコンディショニング，リファービシュ，リマニュファクチャリング，リビルトなど，様々な呼び方があるが，ここでは，それらを総称してリユースという．

しかし，日本においては，90 年代におけるおもな関心事が最終処分場のひっ迫であったこともあり，国全体としては，リサイクルの推進に力が注がれ，家電リサイクル法や自動車リサイクル法などによるリサイクルシステムの構築が進められた[2]．2000 年代前半には，これらのリサイクルシステムの整備が一段落したが，その後の日本における循環型社会の実現への動きは，停滞したように見える．これにはいくつかの原因が考えられる．一つには，産業界としては「やれることはやった」という機運になったことがある．リサイクルは既存のものづくりの構造に大きな変革を加えることなく実現可能であるが，それ以上の，たとえばメンテナンスやリユースの本格導入となると，生産システムの改変やビジネスモデルの見直しなど，より抜本的な変革が必要になるからである．また，リーマンショックや東日本大震災などの発生によって，それどころではないという雰囲気になったこともあったと思われる．さらにこのような中で，90 年代から各企業で資源・環境問題に熱心に取り組んできた人材が世代交代の時期を迎えたにもかかわらず，次世代への引き継ぎが必ずしも十分に行われなかったという問題もあったと考えられる．

一方，日本がこのような足踏み状態になっていたのに対して，欧州は，RoHS 指令，REACH 規則といった化学物質管理や，ELV，WEEE 指令などのリサイクルへの個別の取り組みから[3]，経済の仕組み自体を循環型に変革しようというサーキュラエコノミ（CE：Circular Economy）の推進へと大きく踏み出した．具体的には，2011年にRoadmap to a Resource Efficient Europe[4]を発表し，資源循環の必要性を訴えるとともに，2015年にはCEの行動計画[5]を発表した（2020年には改訂版行動計画が発表されている[6]）．さらに2019年には，より包括的な成長戦略として欧州グリーンディールを発表している[7]．これらの背景には，世界経済の拡大に伴う資源リスクの増大に対するEUの強い危機意識がある．自地域内での資源循環を可能にし，他地域の状況に左右されないようにすることで，産業競争力を維持する狙いがあると考えられる．

CEがそれまでのリユース，リサイクルへの取り組みと異なるのは，経済の仕組み自体を循環型に変革しようとしている点である．2015年の行動計画の冒頭では，「より循環性の高い，すなわち，製品，材料，資源の価値をできるだけ長く経済の中に維持し廃棄物を最小化する経済への移行は，持続性のある低炭素で資源効率が高く競争力のある経済を実現しようとするEUの取り組みに必須なものである．そのような移行は，我々の経済に変革の機会を与え，新たな，かつ持続性のある競争優位性を欧州にもたらす」と述べている[5]．

以上のようなEUの動向に触発され，日本においても，再び資源・環境問題への関心が高まっている．この傾向は，米国が2020年の政権交代により資源・環境問題に再び目を向けるようになったこと，および日本政府が2050年までにカーボンニュートラルを目指す方針を表明するとともに，グリーンイノベーションの推進に力を入れるようになったことでますます強まっている[8]．

1.2　ライフサイクル開発

すでに述べたように，循環には様々な形態がある．たとえば，機能が安定したインフラ設備のような場合は，メンテナンスによりその状態を維持し，長期使用を目指すのが適切であるが，エアコンや冷蔵庫のように効率向上が著しい場合は，比較的早期に回収して省エネ性能のアップグレードを図ったほうが環境負荷的にはよい場合がある．また，定期的な交換が必要な消耗品については，それらの寿命をそろえて，交換作業を少なくすることを目指すのがよい．このように，製品・設備，部品，材料など（これらを総称してアイテムとよぶ）について，開発初期からその構造・機能，使用形態などに合ったライフサイクルを計画し，それに合わせたアイテ

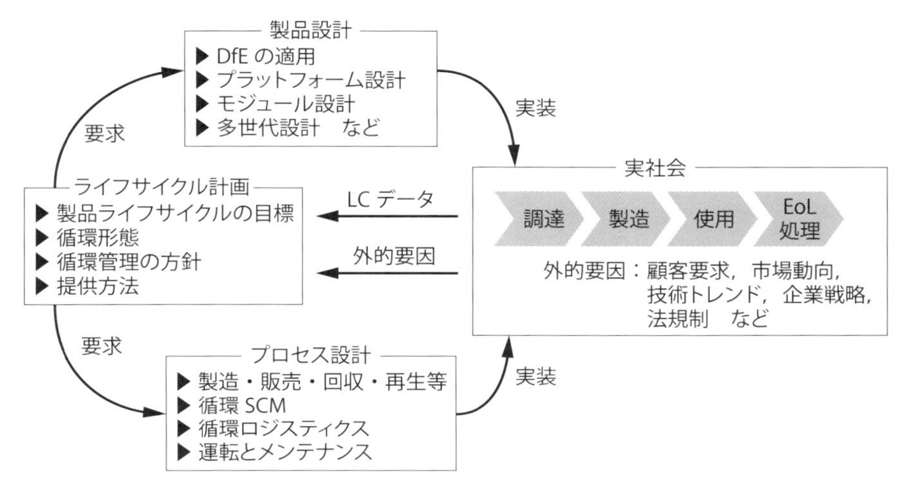

図 1.2　ライフサイクル開発[9]

ム設計およびプロセス設計をすることが必要である．これをライフサイクル開発とよぶ．図 1.2 にその概念を示す[9]．

ライフサイクル開発では，最初にライフサイクル計画を立てる．すなわち，アイテムのライフサイクルにおける品質，コスト，環境負荷，資源消費などの目標を定め，また，ライフサイクルに組み込むメンテナンス，リユース，リサイクルなどの資源消費・環境負荷削減策（ライフサイクルオプションとよぶ）とその管理方針を定める．さらに，売り切り，レンタル，リース，シェアリングなどのアイテムの提供方法を定める．これらのライフサイクル計画に基づいて，アイテム設計，プロセス設計を行い，社会実装をし，その結果を次のライフサイクル計画にフィードバックする．

ライフサイクル開発における評価指標は種々存在するが，それらは，大きく目標指標と手段指標に分類することができる[10]．目標指標はライフサイクル全体として達成すべき指標である，基本的なものとしては，コスト有効度，環境効率，資源効率が挙げられる．

$$\text{コスト有効度} = \frac{\text{システム有効度（SE）}}{\text{ライフサイクルコスト（LCC）}} \tag{1.1}$$

$$\text{環境効率} = \frac{\text{システム有効度（SE）}}{\text{環境負荷（EL）}} \tag{1.2}$$

$$\text{資源効率} = \frac{\text{システム有効度（SE）}}{\text{資源消費（RC）}} \tag{1.3}$$

ライフサイクルコスト（LCC：Life Cycle Cost）は，取得コスト，運用コスト，エンドオブライフコストの和として計算される[11]．環境負荷（EL：Environmental Load）と資源消費（RC：Resource Consumption）は，ライフサイクルアセスメント（LCA：Life Cycle Assessment）や物質フロー分析（MFA：Material Flow Analysis）などによって評価できる[12, 13]．一方，分子のシステム有効度（SE：System Effectiveness）は，アイテムがそのライフサイクルを通じて創出する価値を表すが，定まった計算方法があるわけではなく，対象に応じて計算される．たとえば，生産設備であれば生産額，付加価値，売上高などが用いられる．また，家電製品などの場合は，[基本機能]×[標準使用期間]で計算し，基本機能は，たとえば冷蔵庫なら内容積といったことである[14]．

目標指標は，企業戦略や製品コンセプトなどの面から定められるが，その達成のためには，適切なライフサイクルオプションを選択し，それが有効に機能するかどうかを評価する必要がある．リユース率，リサイクル率などの手段指標はこのために用いられる．ただし，手段指標の改善が目標指標の改善にどのくらい効果があるかは，単純には評価できない．これは，手段指標と目標指標の関係が一般に単純ではないからである．たとえば，比較的短いライフサイクルで製品を回収し部品リユースを行う場合と，製品を長寿命化して長期間使用する場合を比較すると，回収量に対するリユース量の比であるリユース率は前者が高くなるが，使用期間あたりの環境負荷は後者のほうが小さい場合がある．これは，手段指標が循環のある断面での評価であるのに対して，目標指標はシステム全体の入出力を評価するからである．この問題を解決するために，ライフサイクルシミュレーション（LCS：Life Cycle Simulation）が用いられる[15, 16]．LCSは，アイテムが，製造，販売，使用，メンテナンス，回収，リユース，リサイクルなどのライフサイクルの各プロセスを経ながら循環する状況をコンピュータ上で模擬することで，種々の指標の評価を可能にする方法である．

1.3　持続可能な社会の実現におけるメンテナンスの重要性

前述したCEの行動計画で述べられている，「製品，材料，資源の価値をできるだけ長く経済の中に維持する」ためには，メンテナンスが中心的な役割を果たす．

多様な資源循環方式の中で，一般的には内側ほど資源環境面での負荷が少ないことからも，CE でのメンテナンスの重要性は大きい．

また，CE 型のビジネスにおいては，アイテムの提供形態を従来型の売り切りからリース，レンタル，シェアリングなどに変えることが多いが，その場合は事業者がライフサイクルを通じてアイテムの管理を行う必要があり，メンテナンスの質や効率が直接収益に反映されることになる．実際，メンテナンスに重点を置いた CE 型のビジネスは，すでに多くの例が知られている．歴史ある例としては，ロールス・ロイス社の Power-by-the-Hour がある[17]．1962 年から開始されたサービスで，航空会社は飛行時間に応じた料金を支払うことで，ロールス・ロイス社が航空機エンジンの整備を受けもつというものである．また，最近のものとしては，フィリップス社の LaaS（Lighting as a Service）がある[18]．照明システムの設計，施工，運用・メンテナンスのすべてを提供企業が受けもち，顧客は明るさを買うだけというものである．

CE 型のビジネスは国内でも行われている．照明に関するサービスとしては，パナソニックが 2002 年に開始したあかり安心サービスがある[19]．蛍光灯をリースし，寿命が尽きた蛍光灯のリサイクル処理をサービス提供側が責任をもって行うことで，顧客はコストメリットと同時に廃棄リスクの回避を享受できる．その後，LED 照明の時代になってからは，LaaS と類似のあかり E サポートというサービスを 2009 年より提供している[20]．そのほか，輸送事業者向けにブリヂストンが 2008 年に立ち上げたエコバリューパックというサービスもよい事例といえる[21]．新品タイヤが摩耗した後，リトレッド処理をすることで 2 ライフサイクル分のタイヤ機能を提供するとともに，それらを効率的に使用するためのメンテナンスサービスをも提供するトータルライフサイクルサービスである．

1.4　メンテナンス技術の新潮流

前節では，CE の観点からメンテナンスの意義を述べたが，メンテナンスの重要性は社会機能の維持・向上と安全・安心社会の実現という面でも近年ますます高まっている．現代の社会は，インフラ関連，産業用，商業用，生活関連など様々な製品・設備に支えられて成り立っている．内閣府による推計では，日本の固定資本ストックは，2024 年 4〜6 月期速報値で合計約 1915.5 兆円（民間企業設備，民間住宅，公的固定資産の合計）となっている[22]．社会機能の維持・向上を図り，事故・

災害のない社会を実現するためにも，これらのストックを適切にメンテナンスすることが不可欠である．一方，メンテナンスに当てられる人員，資金は限られていることから，メンテナンスの効率化が強く求められている．

このような背景において，最近のデジタル技術，とくにIoTやビッグデータ分析，さらにはAI技術の発達が，メンテナンス技術に新潮流をもたらしている．IoTセンサを用いた監視・診断技術，ロボットやドローンを用いた自動点検技術，AIによる異常兆候検知などの技術が盛んに開発されている[23, 24]．また，これらの技術を実装するための，センサ，設備診断機器，データ収集・分析システム，あるいは，クラウドベースのCMMS（Computerized Maintenance Management System）やEAM（Enterprise Asset Management）などのソフトウェアシステムも数多く提供されている．

ただし，これらの技術やツールを導入さえすれば効果が上がると安易に考えるべきではない．ツールを適切に使いこなすには，対象となるアイテムの構造・機能や，劣化・故障特性などの理解，さらには適切なメンテナンスデータの収集が不可欠だからである．メンテナンスデータの収集と活用については，製品・設備の劣化・故障事例は多くても，要素ごとの劣化・故障モードのデータに分けると解析を行うには数が足りない場合が多く，自前で必要なデータをそろえようとすると長期間にわたる活動が必要という問題がある．これに対しては，業界内，さらには他業界とも広く事例を共有することが有効と考えられる．これまで，メンテナンスに関しては，同種の製品・設備でも運転・環境条件が異なるので，ほかと同じに考えるのは無理であるとしてメンテナンスデータの共有が進んでこなかった面があるが，根本原因となっている劣化・故障モードには共通性がある場合が多い．近年デジタル化の推進の中で，製品・設備データの流通に関して，セキュリティやデータ主権を保護しながら共有を実現するためのプラットフォームの標準化が進められており，今後はメンテナンスデータの共有・活用も容易になってくると考えられる．

以上に述べたように，CEの実現，社会機能の維持・向上，安全安心社会の実現などのために，メンテナンスに対する社会的要求はますます高まってきている一方，様々なデジタル技術が比較的容易に利用可能になってきたことから，現在はメンテナンス技術の高度化と普及を促進する機が熟していると考えられる．

本書ではそのような観点から，メンテナンスの高度化・効率化を進めるうえで必要となる基礎的な知識について，具体的な手順や考え方も示しながら解説していく．

2 ライフサイクルメンテナンスのフレームワーク

メンテナンスの問題を複雑にしているのは，1 台の製品・設備であっても多数の要素から構成され，それら一つひとつが独自のライフサイクル特性をもつからである．それらの多様なライフサイクルを考慮し，合理的かつ効率的なメンテナンスを実現することは一朝一夕には無理であり，ライフサイクルを通じた継続的改善の仕組みが重要である．本章では，そのために必要な議論の基盤となるライフサイクルメンテナンスのフレームワークについて述べる．

2.1 製品・設備のライフサイクル

人は，個人差はあるものの年齢とともに老化し，いつかは一生を終える．したがって，ライフサイクルの概念は明確である．一方，製品・設備のライフサイクルはどうだろうか．製品・設備にも寿命が存在し，いつかは一生を終えると考えられるが，寿命の意味が人の場合とは異なる．製品・設備の場合は，一般的には実現できる機能（実現機能）が要求される機能（要求機能）を下回ったときに寿命と判断される．この場合，寿命の尽き方には図 2.1 に示すような二つのパターンがある．一つは，実現機能が低下して要求機能を満足できなくなる場合である．これは製品・設備を構成する要素が物理的に劣化することで生じ，物理寿命や耐用寿命などとよばれる．

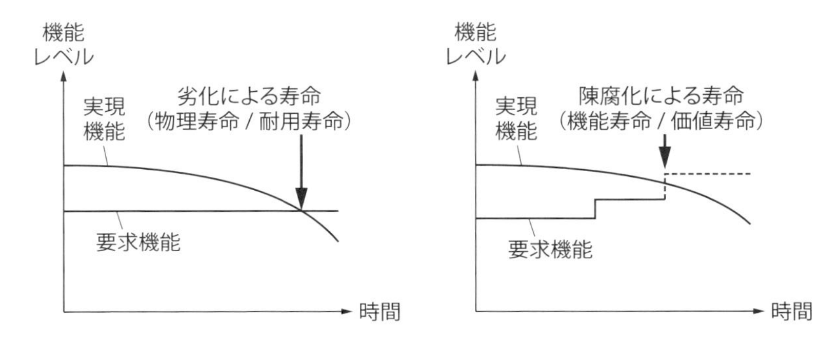

図 2.1　2 種類の寿命

もう一つは，技術進歩，生活水準の向上，新製品の発売などにより要求機能が上がり，実現機能を上回ってしまう場合である．いわゆる陳腐化で，機能寿命や価値寿命などとよばれる．

☑ Point　**製品・設備には2種類の寿命がある**

物理寿命・耐用寿命：実現機能が低下して，要求機能を下回ったとき

機能寿命・価値寿命：要求機能が上昇して，実現機能を上回ったとき

このように製品・設備に寿命があることがメンテナンスを必要とする理由だが，問題を複雑にしているのは，考えなければいけない寿命は製品・設備に対して一つではないことである．製品・設備とそれを構成する要素は，図2.2に示すように一般的にはそれぞれ異なった寿命の長さとパターンをもっている．このため，一つの製品・設備に対しても，構成要素それぞれに合ったライフサイクル管理の方法を組み合わせる必要がある．たとえばパッケージエアコンの場合，フィルタの汚れについては比較的短い間隔での清掃や交換が必要であるが，コンプレッサや制御装置については，累積稼働時間が2～2.5万時間での交換が推奨されている[25]．

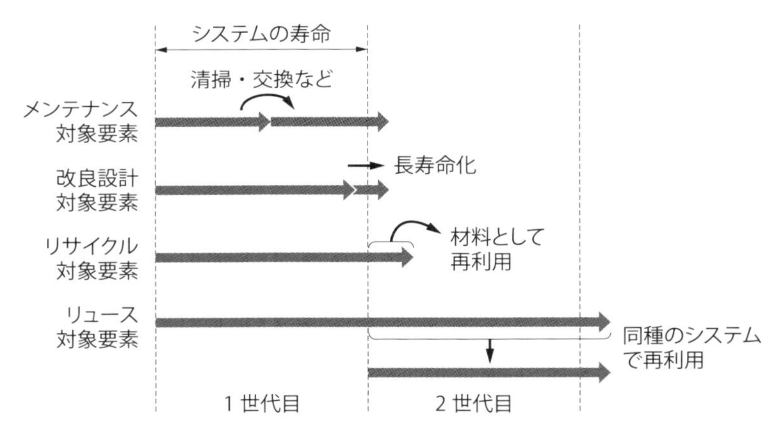

図2.2　システムおよび要素ごとに異なる寿命

また，寿命に関連して，ライフサイクル中の点検や，部品交換などの処置を不要にするメンテナンスフリーという概念がある．これは．理想的にはシステムとしての製品・設備を構成する要素すべての寿命を，システムの寿命に一致させることであるが，実際のところ，技術的にも経済的にも困難な場合が多い．たとえば，自動

車のタイヤは数年または数万 km で交換が必要である．これを自動車の平均的な使用年数である 14～16 年での交換にするには，非常に重いか，硬くて乗り心地の悪いタイヤにせざるを得ないであろう．構成要素それぞれの特性を考慮し，全体として効率的なライフサイクル管理を考えなければならないところにライフサイクルメンテナンスの課題がある．

通常，更新は，メンテナンスとは別の概念として捉えられることが多いが，両者は必ずしも明確に区別されず相対的である．再びパッケージエアコンを例にとれば，故障のため室外機を交換した場合，室外機について見れば更新といえるが，エアコンというシステム全体で見れば，室外機という 1 要素の交換でありメンテナンスといえる．この観点からは，物理寿命をもたない製品・設備というものも考えられる．劣化・故障した要素の交換を繰り返すことで，たとえすべての要素が入れ替わっても，機能寿命がくるまではシステムとしては稼働し続けられるという場合である．

以上のように，製品・設備によって様々なライフサイクルの形態が考えられる．その中で製品・設備の機能を最大限に発揮させるためには，適切なメンテナンスマネジメントが必要になる．

2.2　目指すべきメンテナンスマネジメント

図 2.3 に，おもなメンテナンス活動を示す．図では横軸に時間を，縦軸に製品・設備の機能レベルをとっている．運用開始直後は初期不良などにより要求機能を満足できない場合があるので，速やかな立ち上げを可能にするための初期管理が重要である．運転段階では，機能劣化に対して予防保全または事後保全で対応する．前者は，実現機能が要求機能を下回らないうちに処置を施し，機能回復を図るメンテ

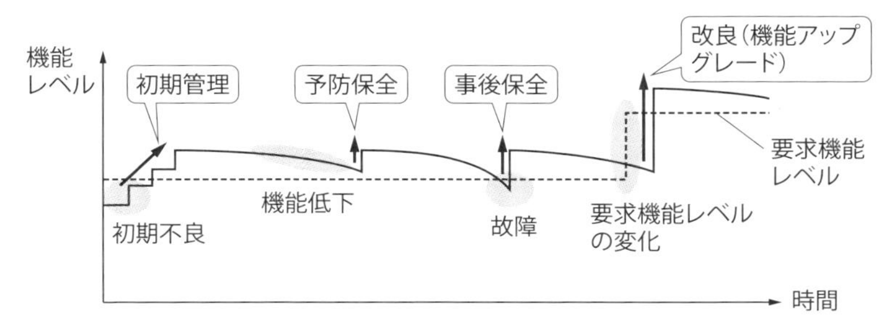

図 2.3　メンテナンス活動

ナンス方式であり，後者は，実現機能が要求機能を下回ってから処置を行うメンテナンス方式である．一方，要求機能が変化した場合に改良を加えるアップグレード処置も，メンテナンス活動の一環として必要となる．

これらのメンテナンス活動に対する望ましいマネジメントとはどのようなものだろうか．図2.4は，望ましいメンテナンスマネジメントが行われる場合と，そうでない場合の例を示したものである．

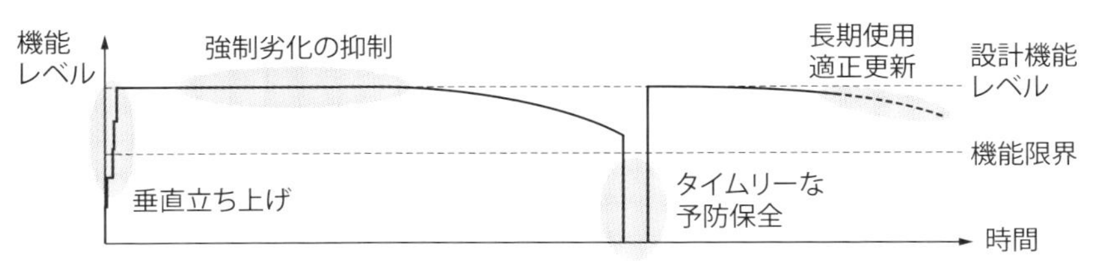

(a) 望ましいメンテナンスマネジメント

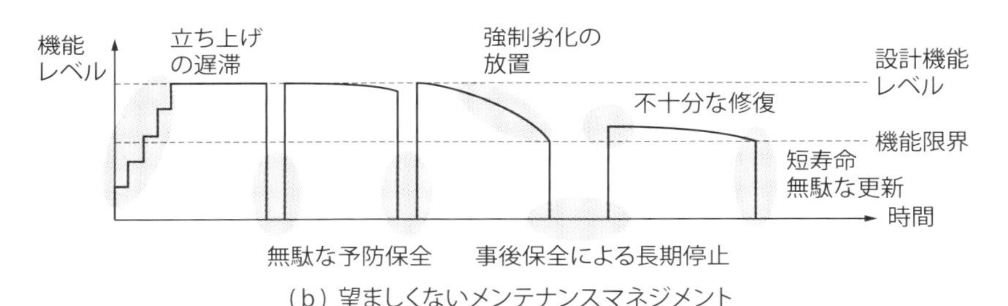

(b) 望ましくないメンテナンスマネジメント

図2.4　望ましいメンテナンスマネジメントとそうでない場合の例

望ましいマネジメントでは，適切な運転管理により，垂直立ち上げ（運転開始直後から100%の機能を発揮できるようにすること）と強制劣化（不適切な環境条件や運転条件により，設計で想定された以上の劣化を生じること）の抑制を実現するとともに，設計段階で見込まれた自然劣化に対しては，タイムリーな予防保全を行うことで機能回復を図る．その結果として，製品・設備の長期使用が可能になり，また，更新時期も適切に判断することができる．

☑Point　メンテナンスマネジメントの効果

適切なメンテナンスマネジメントは，製品・設備の安定的な稼働と長寿命化をもたらす．

一方，望ましくないマネジメントでは，不適切な初期管理によって立ち上げに時間を要したり，劣化状態の把握が不十分で無駄な予防保全を繰り返したりする．さらには，強制劣化を放置して故障を発生させたり，事後保全により長期停止を招いたり，修復が不十分なため短寿命となって無駄な更新を余儀なくされたりする．このような望ましくないメンテナンスマネジメントになってしまう理由の一つには，メンテナンスは製品・設備のライフサイクル全体にわたる活動であるにもかかわらず，そのような取り組みができておらず，運用段階に閉じたものとなりがちという問題がある．たとえば，メンテナンス計画立案には設計情報の参照が重要であるが，その詳細はユーザには提供されないことが多い．逆に，実際の運転・環境条件下での知見を設計段階にフィードバックすることも重要であるが，それが行われずに長寿命化設計やメンテナンス性設計が進まないといった問題もある．

以上のような問題を改善するためには，製品・設備ライフサイクルを通じてメンテナンスに携わる様々な人が，それぞれの立場にかかわらず，共通認識の下で議論し協業できるようにするためのフレームワークが必要である．

2.3　ライフサイクルメンテナンスのフレームワーク

メンテナンスマネジメントの基本は，予測ベース，計画主導，的確な評価に基づく改善である（図 2.5）．予測ベースでなければならないのは，将来起こる可能性のある劣化・故障を想定することなしには，その対応策が考えられないからである．また，予防保全のためにはプロアクティブな対応が必要で，計画なしには実施できない．さらに，予測は必ずしも的中するとは限らないし，また，アイテムはそのライフサイクル中に運転・環境条件や構造や材料自体が変化することがあるので，それに合わせてメンテナンスの方法を改善していく必要がある．

以上のような方針に基づいたライフサイクルメンテナンスマネジメントのフレー

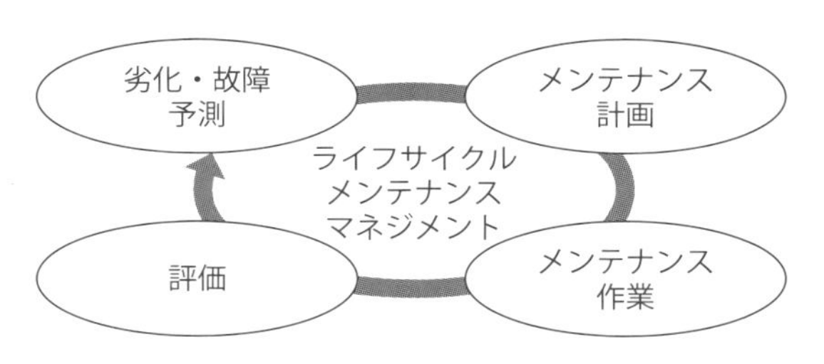

図 2.5　メンテナンスマネジメントの基本

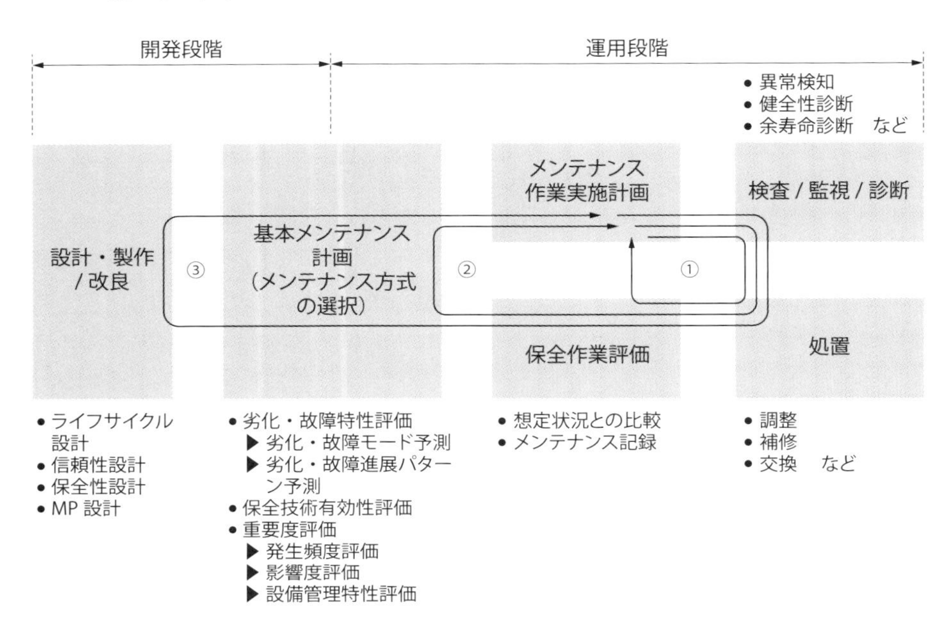

図2.6　ライフサイクルメンテナンスマネジメントのフレームワーク[26]

ムワークを図2.6に示す[26]．基本メンテナンス計画は，メンテナンス対象となる各アイテムに対してメンテナンス方式を定めるものである．これを中心にして，三つの管理ループが存在する．

最も内側のループ①は，メンテナンス作業実施のためのループである．ここでは，基本メンテナンス計画で設定されたメンテナンス方式に基づいて，検査・監視・診断，および処置などのメンテナンス作業計画が立案され実施される．メンテナンス作業の結果は，メンテナンス計画時に想定された状況（劣化の進展速度や故障の発生形態など）に照らして評価され，結果が想定した状況の範囲内であれば，次期のメンテナンス作業計画に移り，効率等の改善を図ったうえで作業の実施・評価が繰り返される．評価の結果，想定した劣化・故障の発生状況と実際が異なっていたり，想定外の劣化・故障が発生していたりして，設定されているメンテナンス方式が妥当でないと判断された場合は，基本メンテナンス計画段階に戻り，運用段階で得られたデータを考慮して基本メンテナンス計画を改訂し，再びメンテナンス作業実施のループに戻る．これが，メンテナンスマネジメントの第2のループ②である．一方，製品・設備の構造や構成要素・材料などに不具合の原因があり，その対策が必要と判断された場合には，左側の開発段階に戻ってアイテムの改良を行う．これがメンテナンスマネジメントの第 3 のループ③である.

メンテナンスマネジメントとして，以上のような三つの改善ループを回せる仕組みを構築することで，製品・設備ライフサイクルを通じたデータの蓄積とメンテナンス方式の改善が可能になるとともに，ライフサイクル中に生じる可能性のある運転・環境条件の変化，あるいは製品・設備の改造などの様々な変化にも対応可能となる.

☑ Point **ライフサイクルメンテナンスのフレームワーク**

基本メンテナンス計画を中心に，メンテナンス作業の評価結果に応じた三つの改善ループを整備する.

- 第 1 のループ：評価結果が想定内の場合．基本メンテナンス計画に従って作業改善・実施を繰り返す.
- 第 2 のループ：メンテナンス方式の設定が不適切と判断された場合．基本メンテナンス計画の改訂を行う.
- 第 3 のループ：製品・設備の設計段階に原因があると判断された場合．アイテムの改良と基本メンテナンス計画の改訂を行う.

3 劣化と故障

メンテナンスを考えるうえで，製品・設備に生じ得る劣化あるいは故障についての理解が重要であるのは明らかであろう．本章ではまず，原因と結果の連鎖という，因果関係の観点から劣化・故障について考える．その後，劣化・故障現象そのものの捉え方として，劣化・故障の進展パターンに基づく理解と故障発生に対する確率・統計的理解があることを述べ，後者についてはその基礎を説明する．

3.1 劣化・故障の因果関係

たとえば，「エスカレータが異常停止した」という故障事象を考えてみよう．その原因は「踏段チェーンの安全装置の作動」で，安全装置の作動は「踏段チェーンの過度の伸び」によるもので，さらに過度の伸びの原因は「給油不良」であり，その原因は給油ノズルの位置ずれであった，というように，劣化・故障は多くの場合，原因・結果の連鎖になっている．

一般に製品・設備の構造は階層的に捉えられるので，この階層に沿って故障の因果関係を整理することができる[27]．図 3.1 に示すように，製品・設備を構成する要素には様々なストレスがはたらき，形状，表面性状，強度などの物理・化学的属性の変化である劣化を生じ，それにより，上位階層のアイテムの機能が変化する．このような機能の変化は，次々に上位階層に伝播する．各階層のアイテムに対しては，要求される機能レベルがあり，それを満足しなくなった状態が故障なので，階層のどのレベルに着目するかによって故障の現象は異なる．

☑ Point　劣化・故障の因果関係

因果関係は，製品・設備の階層構造に沿って整理できる．
着目する階層によって，故障現象は異なる．

たとえば，図 3.2 は工作機械の加工精度不良という故障の因果関係を，階層構造

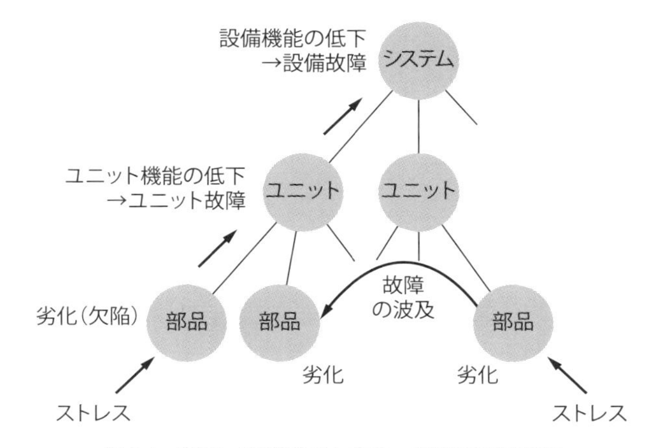

図 3.1　製品・設備階層と劣化・故障の因果関係

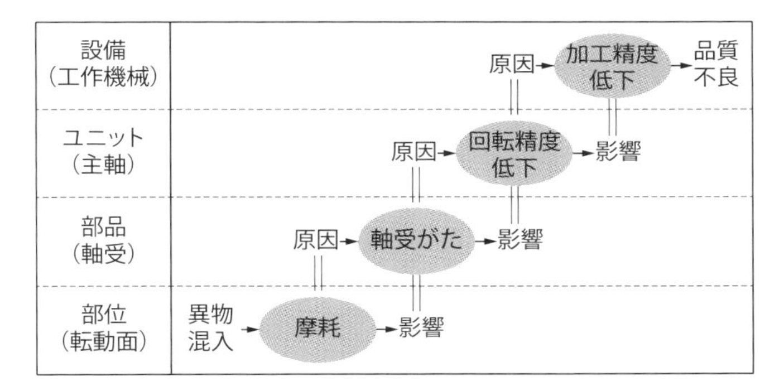

図 3.2　階層構造に沿った故障の因果関係の記述例

に沿って記述したものである．各階層には原因 ⇒ 現象 ⇒ 影響という因果関係が記述されている．原因は 1 階層下の現象に対応し，影響は 1 階層上の現象に対応するという形で，階層間の因果連鎖が示されている．この例では，設備階層である工作機械に着目すれば，現象は加工精度低下だが，ユニット階層である主軸に着目すると回転精度低下として捉えられる．このように，着目する階層に応じて現象とその原因は様々に表現されるが，最終的な原因は，最下位階層のアイテムの劣化に帰着する．図の場合は，異物混入により軸受転動面の摩耗が生じ，それが各上位階層の故障現象を引き起こしている．

劣化・故障原因の診断においては，以上のような因果関係の連鎖を解き明かすことが必要である．この場合，因果関係の捉え方は大きく 2 種類の観点に分類できる．一つは故障の原因となっている箇所の絞り込みの観点である．たとえば，主軸の故障が軸受の故障に起因するといった「全体－部分」の関係を明らかにする観点である．もう一つはメカニズムの特定の観点で，たとえば，切屑による異物が軸受内に混入しアブレシブ摩耗により転動面が摩耗したことを明らかにする，などといった観点である．

☑ Point　**故障の因果関係の捉え方**
故障の原因箇所の絞り込みの観点と，故障メカニズムの特定の観点の，2種類の観点がある．

なお，劣化・故障の因果関係は，階層を直線的に上下にたどる場合だけでないことには注意が必要である．たとえば，プーリの摩耗がVベルトの摩耗を促進するように，劣化が別の劣化を生じる場合がある．また，制御装置の冷却ファンの故障が装置内の温度上昇をもたらし，素子の劣化を加速する場合などのように，故障が劣化を引き起こす場合もある．このように，劣化・故障の因果関係は一般に単純ではないため，その理解においては，一面的，部分的にならないように注意する必要がある．

3.2　劣化・故障の定義と劣化メカニズムの分類例

劣化と故障それぞれの定義を，ここで改めて明確にしておこう．本書では，故障とは，機能状態の変化によって，アイテムがその要求機能を達成できなくなることと捉える．これに対して，劣化とは，ストレスによって生じるアイテムの物理的・化学的属性の変化と捉える†．ストレスは，アイテムに加わる，劣化を引き起こす要因を指すものとする．材料力学分野であれば，機械的要因すなわち応力を意味するが，信頼性やメンテナンスの分野では，そのほか，電気的，熱的，化学的ストレスなどを考える．

† JIS Z 8115：2019 ディペンダビリティ（総合信頼性）用語では，「故障」と「故障状態（フォールト）」とを区別している[28]．「故障」は変化が生じることを指し，「故障状態」は変化した状態のことを指す．本書では，基本的に両者を合わせた広義の意味で前者を用い，とくに必要があるときに限り，前者は「事象」，後者は「状態」を付けて区別することにする．なお，JISでは同様に「劣化」と「劣化状態」を定義しているが，「劣化」を「要求事項に合致するための，アイテムの能力における有害な変化」としており，機能状態によって定義している点は本書の定義とは異なっている．

☑ Point　**劣化・故障の定義**
アイテムが要求機能を達成できなくなることを故障という.
アイテムの物理的・化学的属性の変化を劣化という. 劣化はストレスにより生じる.

なお, アイテムの機能状態や物理的・化学的な属性の変化の過程を「メカニズム」とよび, それらの様相, すなわちメカニズムの結果として生じる状態を「モード」とよぶ†. 劣化モードの分類として, 図 3.3 に機械系部品の場合の例を示す[29]. これらは, 力学的ストレスによるものと化学的ストレスによるものに大別される. 一般に, 前者を破損, 後者を腐食とよぶ. 破損は, さらに変形・座屈, 破壊, 摩耗に大別される. 変形・座屈は文字どおり形状の変化であるが, 破壊は, それに分離が伴う場合である. 摩耗は, 微小な変形や破壊が生じる現象だが, 一般に別カテゴリとして扱う. また, 力学的ストレスと化学的ストレスの両方が作用して生じる腐食疲労やエロージョン・コロージョンなどは, 環境因子を伴う破壊に分類されている.

図 3.4 は, 製造業種ごとに工場内の重要な設備に発生する劣化を調査した結果である[30]. 個々の劣化は様々な要因により発生するが, 摩耗, 疲労, 腐食は業種に

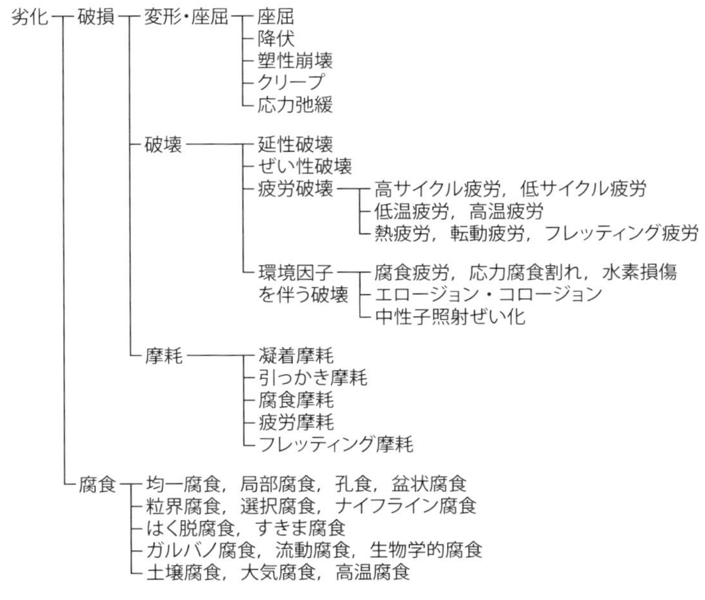

図 3.3　機械系部品の劣化モードの例

† JIS では,「故障メカニズム」と「故障モード」のみが用語として定義されている.

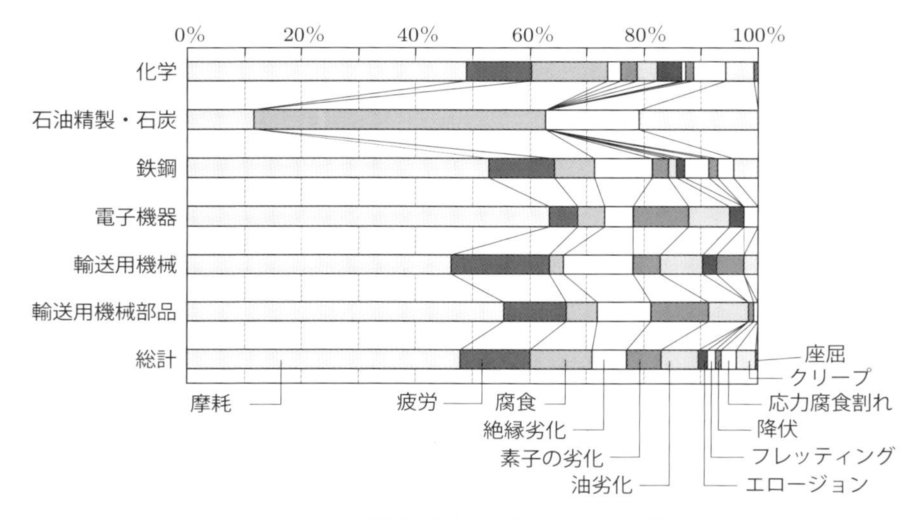

図 3.4　重要設備に発生する劣化の調査結果[30]

よらず主要な劣化であることがわかる．これらは，ぜい性破壊のように過大過重により瞬時に発生するのではなく，いずれも，時間の経過とともに進行する劣化であり，メンテナンスの対象として重要な劣化モードである．

3.3　劣化・故障現象の捉え方

3.1 節では，製品・設備の階層構造における劣化・故障の因果関係について考えた．次に，劣化・故障という現象の捉え方について考える．これには以下に示す，劣化・故障の進展パターンに基づく理解と，故障発生の確率論に基づく統計学的な理解という，二つの捉え方がある．

(1) 劣化・故障の進展パターンに基づく理解

これは，アイテムの劣化や機能を表す量を状態量とし，その時間の経過に伴う変化のパターンから劣化・故障の特徴を捉えようとする考え方である．図 3.5 に，劣化・故障の進展パターンを示す†．劣化の進展は，図のように正常期，兆候期，故障期の三つの期間に分けて考えられる．

† 図では，縦軸に時間とともに低下する状態量をとった場合を示しているが，時間とともに増大する劣化量（摩耗量など）をとる場合もある．

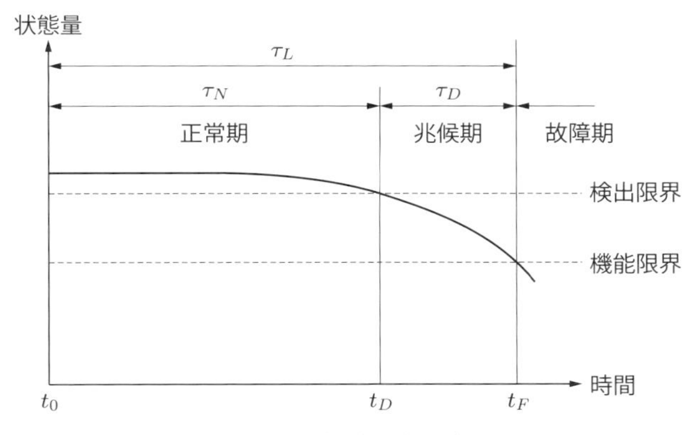

図 3.5　劣化・故障の進展パターン

正常期は，アイテムの状態量の変化が小さく，劣化が捉えられない期間である．状態量の変化が十分大きくなって検出限界を超える t_D の時点で，劣化が進行している，あるいは故障の兆候があると判断できるようになり，以降を兆候期という．さらに状態量が変化して機能限界を超える t_F の時点で故障となり，以降を故障期とよぶ．

検出限界は状態量のばらつきや検出手段の分解能・精度などに依存して決まり，機能限界は要求機能から決まる．たとえば，状態量として配管の肉厚をとり，超音波厚さ計などで測定する場合を考えよう．肉厚の測定値は，測定箇所の違いや測定器の精度によってばらつくため，そのばらつき以上に肉厚が小さくなってはじめて，減肉が進行していると判断できる．これが検出限界にあたる．また，さらに減肉が進んで，ある肉厚以下になると内圧による破裂などの故障の可能性が許容値以上に高まる．これが機能限界にあたる．

劣化・故障の進展パターンから，故障の発生形態を特徴づけることができる．たとえば，兆候期 τ_D が短い場合は，予兆なく故障してしまう突発故障に該当する．一方，兆候期 τ_D が長い場合は，劣化進行型の故障になる．また，t_D や t_F の値がランダムに変化する場合は，偶発故障になる．

なお，劣化・故障の進展パターンは，製品・設備の階層構造のうち，どの階層のどの量を観察しているかによって異なることに注意する必要がある．たとえば，疲労による軸の破断は，主軸ユニットの階層で回転精度などを観測していれば突発故障に見えるが，超音波探傷などの方法により，軸部品の階層で材料内部に生じる割れの進展を観察していれば，劣化進行型の現象として捉えることができる．

☑ Point　**進展パターンに基づくアプローチ**

アイテムの状態量の時間変化を表す曲線を劣化・故障の進展パターンとよぶ．
進展パターンから故障の発生形態を特徴づけることができる．
対象となる階層や状態量によって，観察される進展パターンは異なる．

(2) 確率・統計学的理解

故障を 1/0 事象とみなし，時間軸上で確率的に発生する事象と考える捉え方である．図 3.6 に，時間軸上でのアイテムの故障発生のイメージを示す．個々のアイテムが故障するまでの時間，つまり各アイテムの寿命のデータを集めると，稼働時間と故障の発生しやすさの関係がわかる．これを後述する方法によって確率分布として表現することで，その特徴から故障の特性を理解しようという立場である．

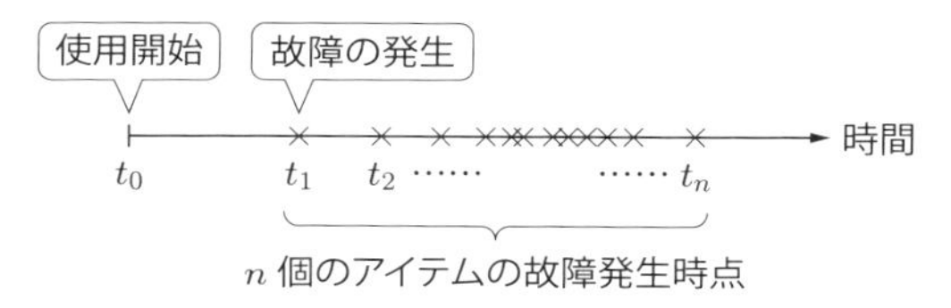

図 3.6　故障の確率・統計学的理解

☑ Point　**確率・統計学的アプローチ**

故障発生を 1/0 事象とみなし，時間軸上でどのように発生しているかについての特徴を確率分布として捉える．

進展パターンに基づく理解では，アイテムの劣化・故障は状態量の変化として測定し，故障に至る過程を把握しようとすることから，ホワイトボックス的アプローチといえる．一方，信頼性工学を基礎とする確率・統計学的理解では，故障の発生を 0/1 事象として捉え，その発生のタイミングだけに着目するので，故障に至る過程は問題にしない．すなわちブラックボックス的アプローチといえる．

劣化・故障を理解するうえで，どちらの捉え方を選択するかということではなく，両者は相補的な関係にある．それぞれの特徴を理解し，適切に使い分けていくことが重要である．進展パターンに基づくアプローチは定量的な予測が可能であるが，劣化・故障の種類と観測できる状態量に依存する．確率・統計学的アプローチは，アイテムや故障の種類に依存せずに適用できる汎用性をもつが，基となる統計データをどれだけそろえられるかに依存する. 一般的には, 確率・統計学的な分析によって劣化・故障の概略的特性を把握し, 問題をある程度絞り込んだうえで進展パターンに基づいた分析を行い, 処置を決定するのが有効である.

歴史的にも, 信頼性工学は複雑な故障発生の因果関係をブラックボックス化することで, 故障を体系的に捉えることに成功したが, その適用には故障に関する統計データが必要であり, 製品・設備の信頼性が向上して故障数が減少するにつれて, データ収集が困難になる. このため, 信頼性工学においても劣化・故障のメカニズムの重要性が認識され, 故障物理とよばれる分野の発達につながっている[31].

☑ Point　**劣化・故障分析の進め方**
確率・統計学的アプローチで問題を絞り込み, 進展パターンに基づくアプローチで分析・処置を行うのが有効である.

3.4 劣化・故障のモデル化

劣化・故障現象を理解するために, これまで様々なモデル化が行われてきた. ここでは, その中で代表的なものを紹介する.

(1) ストレス・強度モデル

ストレス・強度モデルは, 進展パターンに基づく捉え方と, 確率・統計学的な捉え方の関係が理解できるモデルである[32]. このモデルでは, 図 3.7 に示すように, 時間経過による劣化で低下した強度を, ストレスが上回ったときに故障が生じると考える. ただし, 一般に強度, ストレスともばらつくので, それらを分布として表現する. 初期段階では両者の分布が十分離れているため, 故障の確率はほとんどない. しかし, 時間の経過とともに強度分布が低下してくると, 徐々に分布の重なりが生じて故障の発生確率が増加する. このように, 劣化・故障の進展によって故障の発生確率が増加することが説明できる.

なお, 安全係数（安全率ともいう）の意味も, このストレス・強度モデルに基づいて理解することが必要である. 一般に, 安全係数はストレスに対する強度の比として表される. では安全係数はつねに大きくなければならないかというと, 必ずしもそうではないことがこのモデルからわかる. それは, 故障の発生確率が, ストレスと強度の分布の広がりにも依存するからである. たとえば, 建物などの鉄骨構造

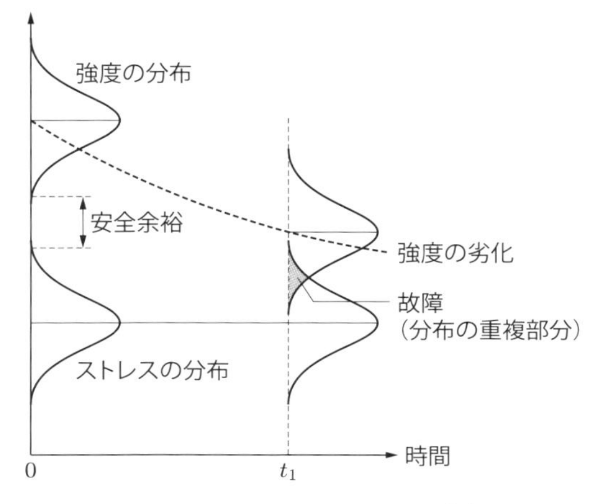

図 3.7　ストレス・強度モデル[32]

物では，鉄骨を増やして強度を高めることで安全係数を 2.5～3.0 にとる．これに対して，航空機の場合は安全係数を 1.25～1.5 に設定するといわれている．これは，安全係数を高くしようとすると機体が重くなってしまうためである．その代わり，ストレスを高い精度で予測するとともに，設計，製造における品質管理を厳しくして，強度のばらつきを抑え，分布の重なりが生じにくくすることで安全を確保している．

☑ Point　**ストレス・強度モデル**

故障発生のメカニズムを説明するモデルである．

強度とストレスがともに分布をもち，両者の分布が重なることで故障が発生すると考える．

(2) 反応速度論モデル

ストレス・強度モデルは，故障の発生についてはうまく説明しているが，劣化の進展については何も説明していない．反応速度論モデルは，この劣化進展に関するモデルであり，劣化の進展速度を説明する．

このモデルでは，電子部品や高分子材料の劣化，あるいは腐食などは材料内部の化学反応の進行によって生じると考える．化学反応は，温度が高いほど速く進むことが知られている．そこで，劣化の進行も温度ストレスに依存して速くなると考えて，化学反応の速度定数を表す式に基づいて寿命を推定することが行われる．

化学反応の速度定数 k は，次式で表される．

$$k = \mathit{\Lambda} \exp\left(-\frac{\Delta E}{RT}\right) \tag{3.1}$$

ここで，$\mathit{\Lambda}$：頻度因子，ΔE：1 モルあたり活性化エネルギー，R：気体定数，T：絶対温度である．これは 19 世紀，スウェーデンの科学者アレニウス（S. A. Arrhenius）によって経験的に見出され，彼の名にちなんでアレニウスの式とよばれている†．

アイテムに一定の温度ストレスが加わり続けたときの劣化を考え，その劣化速度，すなわち単位時間あたりの劣化量の増加が定数 K で表されるとする．アイテムの寿命が L で，そのときの劣化量が x_L だとすると，劣化速度は $K = x_L/L$ である．劣化速度の温度依存性が式(3.1)に従うとすると，

$$K = \frac{x_L}{L} = A' \exp\left(-\frac{B}{T}\right) \tag{3.2}$$

と表される．ただし，$B = \Delta E/R$ である．$A'' = A'/x_L$ と定数をおき直し，両辺の対数をとって整理すると，

$$\ln L = -\ln A'' + \frac{B}{T} \tag{3.3}$$

となる．最後に，再び $A = -\ln A''$ と定数をおき直すと，寿命の温度依存性が次のように求められる．

$$\ln L = A + \frac{B}{T} \tag{3.4}$$

これより，寿命の対数と絶対温度の逆数 $1/T$ は，図 3.8 に示すような直線関係にあり，その傾きが B となることがわかる．したがって，温度を変化させながら寿命試験を行い，$1/T$ に対して $\ln L$ をプロットすれば，当てはめた直線の切片と傾きから A，B の値を求めることができる．

なお，ラーソンとミラー（Larson and Miller）は，各種合金のクリープ破断寿命 t と絶対温度 T に関して，以下の式を与えている．

$$T(C + \ln t) = D \tag{3.5}$$

上式は，式(3.4)で $L \to t$，$A \to -C$，$B \to D$ とおいたものである．

---

† 式(3.1)は，分子のエネルギー分布を与えるボルツマン分布から理論的に導かれる．ボルツマン分布によれば，温度が高くなると高いエネルギーをもつ分子が多くなる．これによりポテンシャル障壁（活性化エネルギー）を乗り越える分子が多くなり，反応が進みやすくなる．

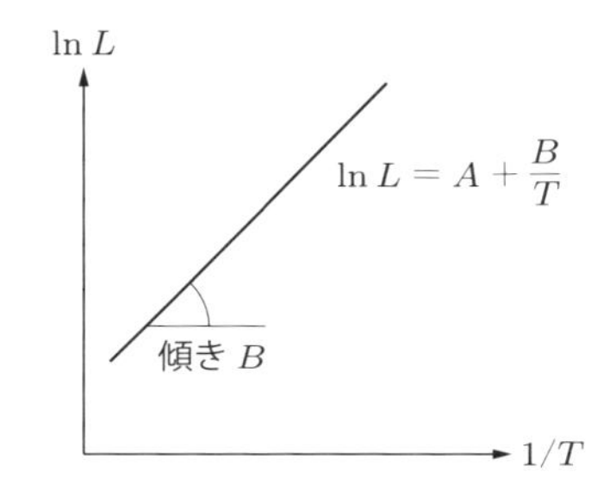

図 3.8　アレニウスの式に基づく温度と寿命の関係

☑ Point　**反応速度論モデル**

劣化の進展速度を説明するモデルである.
化学反応のアナロジーとして，劣化の進展速度が温度に依存すると考える.

(3) 加速試験

通常の使用条件下では，アイテムはすぐには故障しないために，その寿命を確認することは困難である．そこで，通常より厳しい条件を与えて，その条件下での寿命を測定することで，試験時間を短縮できる．これを加速試験という．一般に，ストレスを大きくすると寿命は短くなるが，たとえば温度条件を 2 倍にしたからといって，寿命が半分になるとは限らない．ただし，ストレスと劣化速度との関係がわかっていれば，加速試験の結果から，通常の条件下で使用した場合の寿命を推定することができる．

標準条件，加速条件それぞれでの寿命および劣化速度を L_r，L_a および K_r，K_a とする．先ほどの反応速度論モデルで述べたように，ストレスが一定であれば劣化速度も一定として，$K \propto 1/L$ であるから，寿命の比は，

$$\frac{L_a}{L_r} = \frac{K_r}{K_a} = \frac{1}{A_a} \tag{3.6}$$

となる．A_a は加速係数とよばれ，標準条件の何倍の速度で試験を行うかを表す．たとえば，温度ストレスにより加速試験を行うとして反応速度論モデルを用いる場合，式(3.2)から加速係数は次のようになる．

$$A_a = \frac{K_a}{K_r} = \exp\left\{-B\left(\frac{1}{T_a} - \frac{1}{T_r}\right)\right\} \tag{3.7}$$

ここで，T_a：加速条件の温度，T_r：標準条件の温度である．

温度以外のストレスに関しては，べき乗則 $K \propto S^{\alpha}$ $(1/L \propto S^{\alpha})$ が成り立つことがある．この場合の加速係数は，

$$A_a = \frac{K_a}{K_r} = \left(\frac{S_a}{S_r}\right)^{\alpha} \tag{3.8}$$

となる．ここで，S_a：加速条件のストレス，S_r：標準条件のストレスである．すなわち標準条件に対して，劣化速度はストレス比の α 乗倍になる．べき乗則が成り立つ例としては，コンデンサにおける電圧ストレス（$\alpha \fallingdotseq 5$）がある．また，転がり軸受や鋼材における荷重ストレスでは $\alpha = 3$〜5 といわれている[32]．

☑ Point　加速試験
劣化速度がストレスの大きさに依存することを利用して，寿命の確認試験にかかる時間を短縮する.

3.5　故障の確率分布とその推定

前述のように，劣化・故障の分析では，まず確率・統計学的な手法によって概略的な特性を把握するのが有効である．ここでは，その基本的事項を説明する†．劣化・故障の発生には多くの要因が絡み合うため，確定的な事象として予測することは困難な場合が多いが，故障を 1/0 の事象とみなし，それらの生起のタイミングのみを考えて確率・統計学的に扱うことでうまく整理できる場合がある．ただし，そのためには，ある程度の量のデータが必要である．生産設備のように 1 台 1 台が異なるようなものに対しては，統計的に意味のある量のデータ収集が困難な場合があることには注意が必要である．

3.5.1　故障特性を表す各種の関数

アイテムが最初に使われたとき，または修復されたときから故障するまでの動作時間 t を故障時間という．故障時間 t を確率変数とみなし，その累積分布関数を $F(t)$ で表す．すなわち，$F(t)$ はある動作時間 t になるまでにアイテムが故障する確率である．これを故障分布関数とよぶ．これに対して，動作時間が t になるまで故障しない確率を $R(t)$ で表し，信頼度関数とよぶ．$F(t)$ と $R(t)$ の間には以下の

† 本書のほかにも多くの有用な文献[33]があり，詳細はそれらを参照されたい．

関係がある.

$$R(t) = 1 - F(t) \tag{3.9}$$

また，故障分布関数 $F(t)$ が微分可能なとき,

$$f(t) = \frac{dF(t)}{dt} \tag{3.10}$$

を故障密度関数という. $f(t)dt$ は，時間区間 $[t,\ t+dt]$ においてアイテムが故障する確率を表す.

次に，ある時刻 t におけるアイテムの故障率を表そう. まず，1 個のアイテムの場合を考え，その寿命が L だったとする. これは稼働時間 L の間に故障が 1 回発生するということであるから，平均故障率は $1/L$ である. 同様にして，複数の同一アイテムの場合，アイテムの故障数をアイテムの総稼働時間で割ることで平均故障率が求められる. 時刻 t における故障率とは，時間区間 $[t,\ t+dt]$ における平均故障率のことであるから，次のように求められる.

同一アイテムの集団の初期数，つまり $t=0$ で故障していないアイテムの数を N とする. このとき，時間区間 $[t,\ t+dt]$ における，アイテムの故障数は $Nf(t)dt$ で表され，総稼働時間は $NR(t)dt$ で表される. 総稼働時間は，時刻 t において故障していないアイテム数 $NR(t)$ に，区間の長さ dt を掛けたものであることに注意されたい. すでに故障したアイテムは稼働していないからである. したがって，時刻 t におけるアイテムの故障率は.

$$\lambda(t) = \frac{Nf(t)\,dt}{NR(t)\,dt} = \frac{f(t)}{R(t)} \tag{3.11}$$

と表される. $\lambda(t)$ は故障率関数とよばれ，アイテムが故障する速さを表している.

式(3.11)を式(3.9)，(3.10)を用いて書き直すと.

$$\lambda(t) = \frac{dF(t)/dt}{R(t)} = -\frac{dR(t)/dt}{R(t)} \tag{3.12}$$

となり，この両辺を 0 から t まで積分することで，次式が得られる（時刻 $t=0$ ではアイテムは動作可能であると考えると $R(0)=1$, すなわち $\ln R(0)=0$ である).

$$\int_0^t \lambda(t)\,dt = -\{\ln R(t) - \ln R(0)\} = -\ln R(t) \tag{3.13}$$

したがって，故障率関数と信頼度関数の間には以下の関係が成り立つ.

$$R(t) = \exp\left\{-\int_0^t \lambda(t)\,dt\right\} \tag{3.14}$$

☑ Point **故障の確率分布**

故障の確率分布は，以下の3種類の関数で表現される．

- 故障分布関数 $F(t)$：時刻 t までにアイテムが故障する確率
- 信頼度関数 $R(t)$：時刻 t までにアイテムが故障しない確率
- 故障率関数 $\lambda(t)$：時刻 t で故障していないアイテムが次の瞬間に故障する単位時間あたりの確率

以上の故障分布関数 $F(t)$, 信頼度関数 $R(t)$, 故障密度関数 $f(t)$, 故障率関数 $\lambda(t)$ の意味を理解するために，ある時点で一斉に使用が開始される機器を考えてみる．使用中に故障した機器は修理せずに廃棄されるものとする．機器使用開始後の経過時間を $t = 0, 1, 2, \cdots$のように離散値で表し，各時点の機器の台数を以下のように表す．

$N(0)$：使用開始時点での初期台数

$N(t)$：時刻 t で故障せずに稼動している残存台数

$N(t-1) - N(t)$：時間区間 $(t-1, t]$ において故障した台数

時間の経過に伴い，故障して廃棄される機器の台数は単調に増加する．この累積故障台数を使用開始時の初期台数に対する割合で表した値を $F_n(t)$ とすると，

$$F_n(t) = \frac{\text{累積故障台数}}{\text{初期台数}} = \frac{N(0) - N(t)}{N(0)} \tag{3.15}$$

となる．同様に，信頼度関数 $R(t)$ は，経過時間 t の時点で動作している機器の，初期台数に対する割合 $R_n(t)$ から推定できる．

$$R_n(t) = \frac{\text{残存台数}}{\text{初期台数}} = \frac{N(t)}{N(0)} \tag{3.16}$$

また，故障密度関数 $f(t)$ は，時間区間 $(t-1, t]$ で故障した台数の，初期台数に対する割合 $f_n(t)$ から推定できる．

$$f_n(t) = \frac{\text{故障台数}}{\text{初期台数}} = \frac{N(t-1) - N(t)}{N(0)} \tag{3.17}$$

一方，$\lambda(t)$ は，$t-1$ 時点で動作中の機器のうち，時間区間 $(t-1, t]$ で故障した台数の割合から推定できる．

$$\lambda_n(t) = \frac{\text{故障台数}}{\text{残存台数}} = \frac{N(t-1) - N(t)}{N(t-1)} \tag{3.18}$$

$f_n(t)$ と $\lambda_n(t)$ の計算上の違いは，時間区間 $(t-1, t]$ における故障台数を，初

期台数 $N(0)$ で割るのか，$t-1$ 時点で動作中の残存台数 $N(t-1)$ で割るのかにある．

$f(t)$ と $\lambda(t)$ は (時間)$^{-1}$ という次元をもっているため，数値を判断する際には，時間，日，年などの時間の単位に注意する必要がある．図 3.9 に，$F(t)$，$R(t)$，$f(t)$，$\lambda(t)$ の例を示す．この例では，$f(t)$ が 3000 h 付近でピーク値をもつことから，この機器は 3000 h 前後で故障する場合が多いことを示している．一方，$\lambda(t)$ は単調に増加していて，動作時間が長くなればなるほど故障する確率が上がる劣化進行型の特性をもっていることがわかる．後述するように，故障率 $\lambda(t)$ の変化パターンは故障を特徴づける重要な特性だが，$f(t)$ を見ただけではその特性をただちには把握しにくいことに注意が必要である．

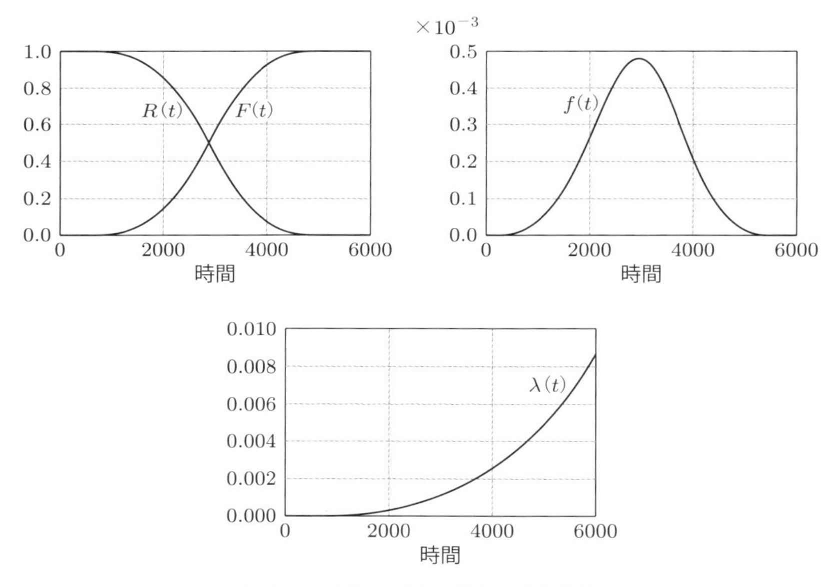

図 3.9　$F(t)$，$R(t)$，$f(t)$，$\lambda(t)$ の例

3.5.2　故障確率分布の代表値（MTTF/MTBF と B10 ライフ）

以上のように，アイテムが故障するまでの時間は確率分布として捉えられるが，その代表値として MTTF（Mean Operating Time To Failure，故障までの平均動作時間）と MTBF（Mean Operating Time Between Failure，平均故障間動作時間）が広く用いられる．前者は非修理アイテム，すなわち故障したら破棄されるアイテムに対して，後者は，故障しても修理して使用する修理アイテムに対して用

いられる．両者は，使用開始から故障までの動作時間の平均値という意味は同じなので，以下で述べる内容は，MTTF を MTBF に読み替えることができる．

MTTF は故障するまでの時間の期待値として定義され，次式で表される．

$$\mathrm{MTTF} = \int_0^{\infty} t f(t)\, dt \tag{3.19}$$

多くの場合，MTTF は約半数の機器が故障する時間[†]であり，これは，機器の平均的な寿命としてユーザが期待する概念と外れている．そこで，機器の 10%が故障するまでの平均時間である B10 ライフ（ビーテンライフと読む）が，機器の耐久性としてしばしば用いられる．10%という数字に明確な根拠はないが，大半が故障せずに使用できるという意味で，寿命の代表値として用いられる．**図 3.10** に，故障分布が正規分布に従う場合の MTTF と B10 ライフを示す．

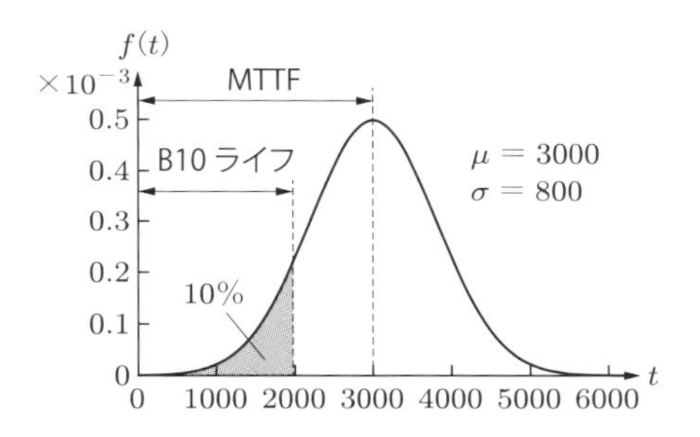

図 3.10　正規分布の場合の MTTF と B10 ライフ

☑ Point　**MTTF と B10 ライフ**

MTTF：製品・設備が故障するまでの時間の期待値

B10 ライフ：製品・設備の 10%が故障するまでの時間の期待値

3.5.3 故障率曲線に基づく故障の分類

故障の発生状況が時間とともにどのように変化するかは，故障の特性として重要である．そこで，故障率関数をプロットした故障率曲線の形状により，故障を次の 3 タイプに分類することが行われている．

(1) DFR（Decreasing Failure Rate）型：故障率が時間とともに低下するタイプである．おもに設計・製造上の不具合に起因する故障で見られる．たとえ

† 厳密には $f(t)$ の分布形状により異なる．

ば製造時の品質不良などがあると，その多くは使用開始から間もなく故障する．その後，欠陥を含まないアイテムが残存することで，故障率が低下していく．

(2) CFR（Constant Failure Rate）型：故障率が時間によらず一定のタイプである．比較的軽微な不良，不適切な使用環境，突発的なストレスなど様々な原因で故障が発生するが，その頻度がほぼ一定になる場合である．

(3) IFR（Increasing Failure Rate）型：故障率が時間とともに上昇するタイプである．アイテムの劣化に起因する故障で見られる．たとえば，図3.2に示した，軸受転動面の摩耗が加工精度低下という故障を引き起こすような場合である．

多くの構成要素からなる複雑なシステムでは，これら3タイプの故障が複合的に現れ，図3.11のような故障率曲線を示すことが多い．これは，DFR型の初期故障期，CFR型の偶発故障期，IFR型の摩耗故障期より構成されていて，その形状からバスタブ曲線とよばれている．人間の一生を幼年期，青年期，老年期に分けたときの死亡率の推移もこれと似た傾向を示すことから，バスタブ曲線は一般に広く受け入れられている概念である．システムがこれらのいずれの期間にあるか知ることは，信頼性向上のための対策を講じるうえで有用と考えられる．ただし，実際にはバスタブ曲線が適合するケースは限られているという報告[34]もあるため，注意が必要である．

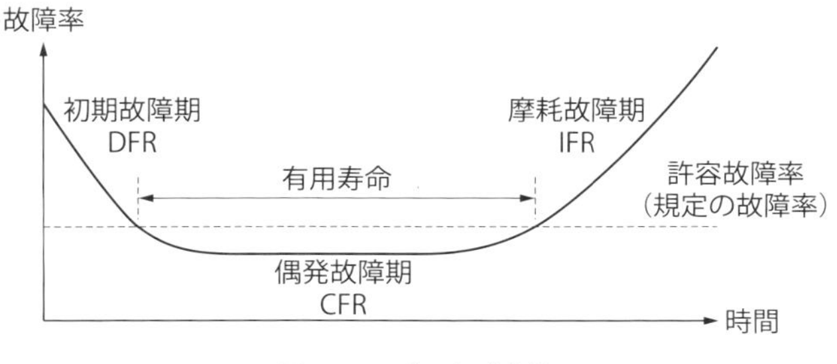

図3.11　バスタブ曲線

☑ Point　**故障率曲線**

故障率関数 $\lambda(t)$ をプロットした曲線．下記の 3 タイプを複合したバスタブ曲線としてよく知られている．

- DFR 型：時間とともに低下する．初期故障に対応する．
- CFR 型：時間によらず一定．偶発故障に対応する．
- IFR 型：時間とともに上昇する．摩耗故障に対応する．

3.5.4 代表的な故障分布関数

故障確率分布から故障の特性を把握することができるが，分析を容易にするために．故障分布関数を仮定しデータを当てはめることがある．そのためによく用いられる分布として，以下に示す指数分布とワイブル分布がある．

(1) 指数分布

故障率が時間にかかわらず一定と仮定した場合の分布である．前述のバスタブ曲線における偶発故障期間に対応しており，解析的にも扱いやすいのでよく用いられる．式(3.14)において，故障率関数 $\lambda(t)$ を定数 λ として，

$$R(t) = \exp(-\lambda t) \tag{3.20}$$

$$F(t) = 1 - \exp(-\lambda t) \tag{3.21}$$

$$f(t) = \lambda \exp(-\lambda t) \tag{3.22}$$

で表される．指数分布はランダムな事象を記述する代表的な分布であり，多くの要素からなる修理系の寿命は指数分布に近いものになるといわれていることから，故障解析においてしばしば前提とされる．ただし，新品の機器も長年使った機器も同じ確率で故障するということなので，想定する期間やアイテムによっては必ずしも現実的でない場合があることに注意が必要である．

☑ Point　**指数分布**

偶発故障に対して用いられる確率分布である．

(2) ワイブル分布

スウェーデンの科学者ワイブル（W. Weibull）が，材料の破壊強度を表す分布として提唱したものである．形状パラメータ m (>0)，尺度パラメータ η (>0)

を用いて，以下のように表される†.

$$F(t) = 1 - \exp\left\{-\left(\frac{t}{\eta}\right)^m\right\} \tag{3.23}$$

$$f(t) = \frac{m}{\eta}\left(\frac{t}{\eta}\right)^{m-1}\exp\left\{-\left(\frac{t}{\eta}\right)^m\right\} \tag{3.24}$$

$$\lambda(t) = \frac{m}{\eta^m}\,t^{m-1} \tag{3.25}$$

図3.12に，形状パラメータ m を変化させたときの，故障密度関数 $f(t)$ と故障率関数 $\lambda(t)$ の形状の変化を示す．図からわかるように，$m<1$，$m=1$，$m>1$ の場合が，それぞれDFR型，CFR型，IFR型に対応している．尺度パラメータ η は時間スケールを表しており，η を変化させると時間軸方向に分布が伸縮する．このように，ワイブル分布は様々なタイプの故障を一つの分布で表現できるため，故障解析で広く用いられている．

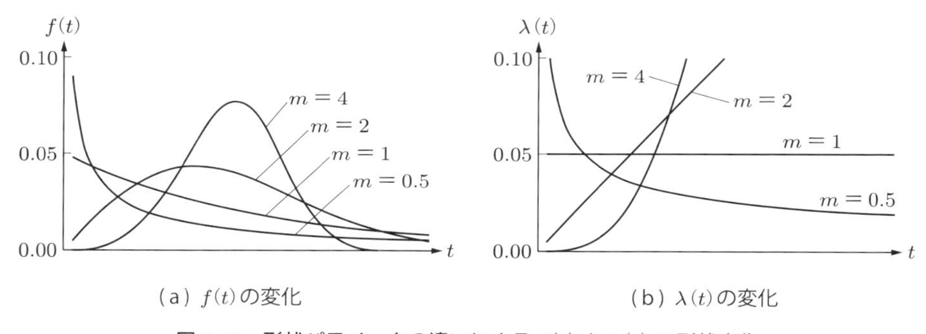

（a）$f(t)$ の変化　　（b）$\lambda(t)$ の変化

図3.12　形状パラメータの違いによる $f(t)$ と $\lambda(t)$ の形状変化

☑ Point　**ワイブル分布**

形状パラメータ m の値により，DFR型（$m<1$），CFR型（$m=1$），IFR型（$m>1$）を一つの分布で表現できる．

3.5.5 故障分布特性の推定

最後に，寿命試験や実運用で得られるデータから，故障分布特性の推定を行う手

† ワイブル分布のパラメータとしては，そのほか位置パラメータ γ を用い，t の代わりに $t-\gamma$ とおいて，時間軸上で分布を平行移動できるようにする場合がある（出荷前のエージング試験などを考慮するために用いられる）．ここでは簡単のために $\gamma=0$ とする．

順を説明する．以下では寿命試験によりデータを得る場合として説明するが，実際のメンテナンスデータを用いる場合も考え方は同じである．

(1) 信頼性データ

いま，n 台のアイテムに対して寿命試験を行い，すべてのアイテムが故障するまで試験を行うとすると，図 3.13(a)に示すようなデータが得られる．図中×印は，その時点でアイテムが故障したことを示す．これを大きさの順に並べ変えたのが図(b)である．このように，すべてのアイテムの故障時間が得られているものを完全データという．しかし，完全データを得るために必要な時間は予測困難である．現実には試験時間に制約があるため，多くの場合，試験を中途で打ち切らなければならない．その場合，試験を打ち切った時点で，故障に至っていないアイテムがいくつか残る．このようなデータは中途打切りデータとよばれる．中途打切りの方法には，規定時間に達したところで打ち切る定時打切り試験方式と，故障が一定個数に達したときに打ち切る定数打切り試験方式がある．それぞれの場合に得られるデータの形式を，図(c)，(d)に示す．図中○印は，故障に至らなかったアイテムを示している．

このほか，たとえば二つの要素 A, B からなるアイテムの寿命試験を行った場合，要素 A, B のどちらかが故障したらそのアイテムの試験は打ち切るとすると，図

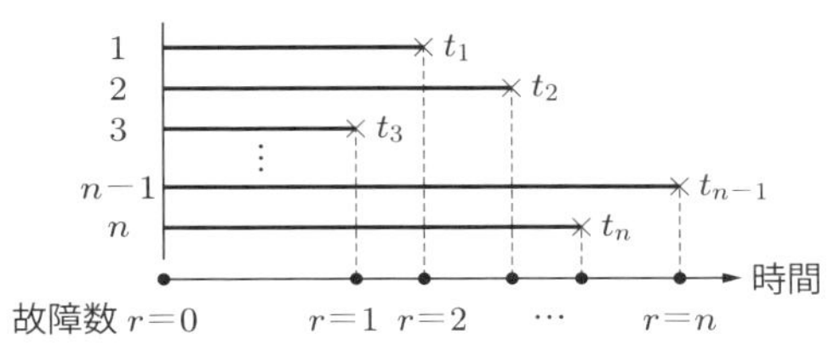

(a) 寿命試験における故障時間の観測

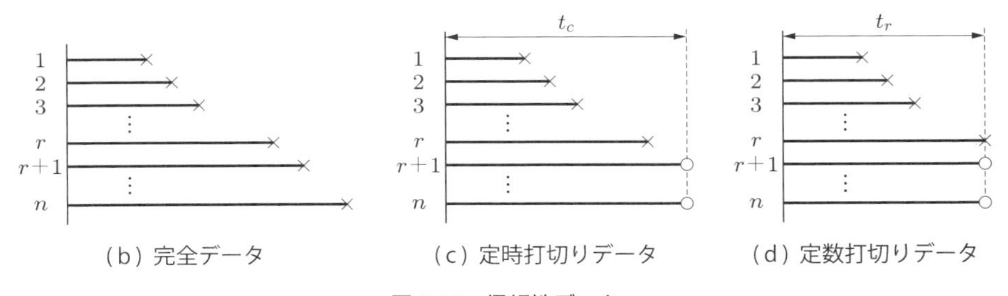

(b) 完全データ　(c) 定時打切りデータ　(d) 定数打切りデータ

図 3.13　信頼性データ

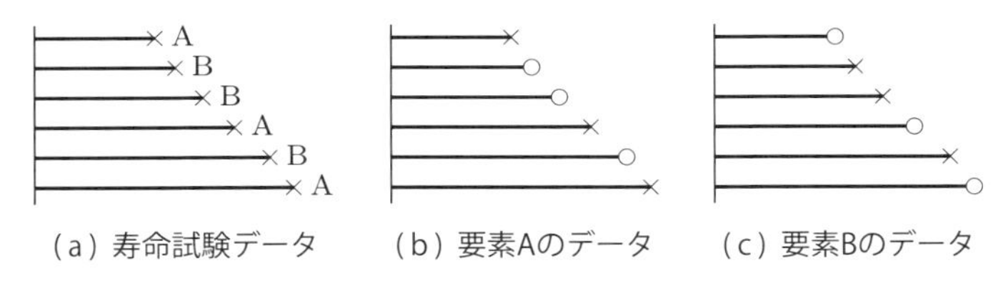

(a) 寿命試験データ　(b) 要素Aのデータ　(c) 要素Bのデータ

図3.14　ランダム打切りデータ

3.14(a)のようなデータが得られる．これを要素 A, B それぞれについて時間順に並べたのが図(b)，(c)である．故障データ（×印）の間に中途打切りデータ（○印）がランダムに挿入されたデータになっている．このようなデータはランダム打切りデータとよばれる．

☑ Point　信頼性データ

製品・設備の寿命データを順に並べたデータである．
解析方法によっては，中途打切りの有無や種類で結果が異なる場合があるため，注意が必要である．

(2) 指数分布を仮定した場合の MTTF の推定

指数分布では，式(3.19)および式(3.22)より，MTTF は以下のようになる．

$$\mathrm{MTTF} = \int_0^{\infty} t f(t)\, dt = \int_0^{\infty} t\lambda \exp(-\lambda t)\, dt = \frac{1}{\lambda} \tag{3.26}$$

したがって，指数分布を仮定した場合の MTTF の推定値は次式のように表される．

$$\widehat{\mathrm{MTTF}} = \frac{\text{アイテムの総動作時間 } T_{op}}{\text{故障数 } r} \tag{3.27}$$

上式は信頼性データがどのような打切りデータであっても成立する．指数分布では故障率が時間によらないため，ある時刻までの平均故障率は，それまでの故障数をアイテムの総動作時間で割れば求められる．式(3.26)より，指数分布を仮定するならその逆数が MTTF に等しいので，MTTF の推定値は信頼性データの種類によらず式(3.27)で求められる．総動作時間には，故障せずに打ち切られたアイテムの動作時間も含まれる点に注意する必要がある．たとえば，定数打切りデータとして n 台のアイテムのうち r 台が故障した時点 t_r で寿命試験を打ち切った場合は，次のように計算される．

$$\widehat{\mathrm{MTTF}} = \frac{T_{op}}{r} = \frac{1}{r}\left\{\sum_{i=1}^{r} t_i + (n-r)t_r\right\} \tag{3.28}$$

なお，式(3.27)は点推定であるため，その妥当性を評価するには，区間推定もしくは統計学的検定を行う必要がある．その詳細については信頼性工学などの文献を参照されたい．

☑ Point　確率分布として指数分布を仮定した場合
MTTF の推定値は，打切りの有無によらず故障率の逆数となる．

(3) ワイブル型累積ハザード法による故障率曲線のタイプの特定

ワイブル分布を仮定し，信頼性データを用いて分布のパラメータを推定することで，故障率曲線のタイプが DFR 型か CFR 型か IFR 型かを特定することができる，このために累積ハザード法とよばれる手法が広く用いられる．故障率関数 $\lambda(t)$ を時間区間 $[0, t]$ で積分したものを累積ハザード関数[†]とよび，次式で表す．

$$H(t) = \int_0^t \lambda(t)\,dt \tag{3.29}$$

いま，n 個の完全データを考える．i 番目の故障が起きた時刻を t_i とし，その直前の残存数，すなわちまだ故障していないアイテムの数を n_i とする．このとき，時間区間 $[t_i,\ t_i + 1]$ における故障率を $\lambda(t_i)$ とすれば，これは式(3.11)において $NR(t) = n_i$，$Nf(t)dt = 1$ とおけば求められ，

$$\lambda(t_i)\,dt = \frac{1}{n_i} \tag{3.30}$$

となる．したがって，式(3.29)から，時刻 t_k での累積ハザード値は以下のように推定される．

$$\hat{H}(t_k) = \sum_{i=1}^{k} \frac{1}{n_i} \tag{3.31}$$

ただし，$n_{i+1} = n_i - 1$，$n_1 = n$ である．上式は，故障発生時点での残存数 n_i のみを用いているので，完全データ，打切りデータにかかわらず適用できる．

確率分布にワイブル分布を仮定する場合，式(3.25)および式(3.29)から，

† これは，$\lambda(t)$ が医学統計の分野でハザード関数とよばれるためである．

$$H(t) = \left(\frac{t}{\eta}\right)^m \tag{3.32}$$

である．両辺の自然対数をとると，

$$\ln H(t) = m \ln t - m \ln \eta \tag{3.33}$$

となるので，$\ln H(t) = Y$，$\ln t = X$，$-m \ln \eta = B$ とおけば，

$$Y = mX + B \tag{3.34}$$

と，直線になることがわかる．したがって，信頼性データから式(3.31)により累積ハザード値を求め，図3.15のように両対数紙にプロットすれば，その近似直線の傾きから形状パラメータ m が，さらに X 切片から尺度パラメータ η が求められる．これには従来，ワイブル型累積ハザード紙が使われていたが，現在は表計算ソフトを用いて容易に計算できる．

なお，MTTF は，次式のように求められる（導出は省略する）．

$$\mathrm{MTTF} = \eta\Gamma(1 + 1/m) \tag{3.35}$$

ここで，$\Gamma(x)$ はガンマ関数とよばれる特殊関数である．ガンマ関数も，表計算ソフトを用いれば容易に計算できる．

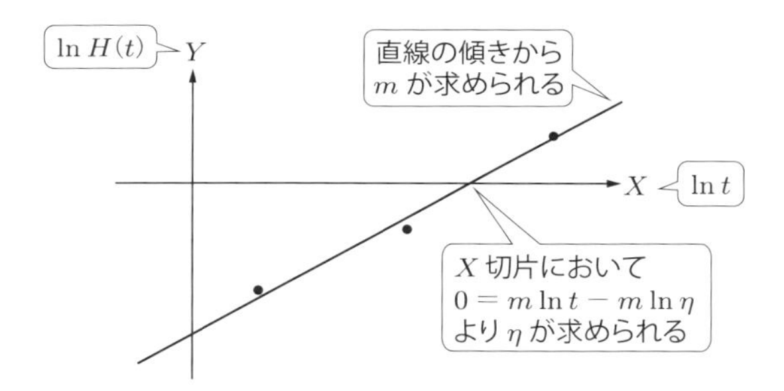

図3.15　ワイブル型累積ハザード法による推定

☑ Point　**確率分布としてワイブル分布を仮定した場合**

信頼性データから累積ハザード値を計算し，そのプロットから形状パラメータ m と尺度パラメータ η が推定できる．

MTTF は m および η から推定できる．

(4) ワイブル型累積ハザード法によるデータ分析例

ワイブル型累積ハザード法により故障分布を推定する具体的な手順を，例題を使って説明する．表3.1は，寿命試験を模擬して，図3.16のように円形の針金にシャ

表 3.1　模擬寿命データ

No.	寿命［秒］	No.	寿命［秒］
1	38.57	8	28.17
2	30.35	9	28.70
3	50.88	10	26.44
4	43.19	11	46.95
5	36.20	12	21.24
6	30.72	13	45.10
7	34.47	14	44.20
		15	36.57

図 3.16　シャボン液の膜

ボン液の膜を張り，膜が破れるまでの時間を計測した結果である．ここでは．ランダム打切りデータを想定して，測定番号 5, 10, 13 を打切りデータ，すなわち膜は破れずに試験を終了したとみなす．表 3.2 に累積ハザード値の計算過程を示す．シャボン膜の寿命の測定値を昇順に並べ直し，残存数が 15 から 1 まで降順に入る．故障／打切りの列は，各回の測定に対して 1 が入るが，打切りデータの場合は未故障として 0 が入る．式(3.29)～(3.31)に示したように，累積ハザード値は打切りデータ以外について，$\lambda(t_i)dt = 1/n_i$ を順次足し合わせていくことで求められる．

表 3.2 で求めた $\ln t_i$ に対して，$\ln H(t_i)$ をプロットした結果を図 3.17 に示す．

表 3.2　累積ハザードの計算

寿命 t ［秒］	残存数 n_i	故障：1 打切り：0	$\lambda(t)dt = 1/n_i$	累積ハザード $H(t)$	$\ln t$	$\ln H(t)$
21.24	15	1	0.07	0.07	3.06	− 2.71
26.44	14	0	0.00	0.07		
28.17	13	1	0.08	0.14	3.34	− 1.94
28.70	12	1	0.08	0.23	3.36	− 1.48
30.35	11	1	0.09	0.32	3.41	− 1.15
30.72	10	1	0.10	0.42	3.42	− 0.87
34.47	9	1	0.11	0.53	3.54	− 0.64
36.20	8	0	0.00	0.53		
36.57	7	1	0.14	0.67	3.60	− 0.40
38.57	6	1	0.17	0.84	3.65	− 0.18
43.19	5	1	0.20	1.04	3.77	0.04
44.20	4	1	0.25	1.29	3.79	0.25
45.10	3	0	0.00	1.29		
46.95	2	1	0.50	1.79	3.85	0.58
50.88	1	1	1.00	2.79	3.93	1.03

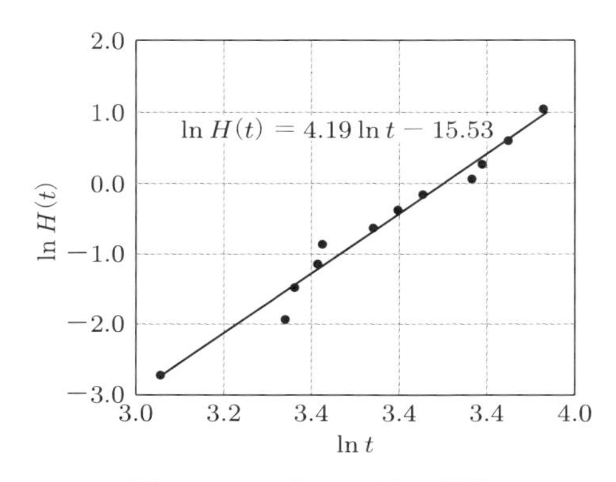

図 3.17　$\ln t$ と $\ln H(t)$ の関係

各プロット点はほぼ直線上に並んでおり，ワイブル分布の当てはめが妥当なことがわかる．近似直線の傾きから，形状パラメータが $m = 4.19$ と求められ，さらに横軸切片から尺度パラメータが $\eta = 40.77$ と求められる．

これらのパラメータ値に対応したワイブル分布の故障密度関数 $f(t)$ に，測定データのヒストグラムを重ねて示したのが図 3.18 である．推定したワイブル分布が測定データの傾向を表していることがわかる．また，形状パラメータが 1 より大きいことから，時間とともに故障率が増加する IFR 型であることがわかる．実際，故障率関数 $\lambda(t)$ をプロットしてみると，図 3.19 のように時間の経過とともに故障率が上昇している．MTTF は，式(3.35)より 37.05 秒と計算される．

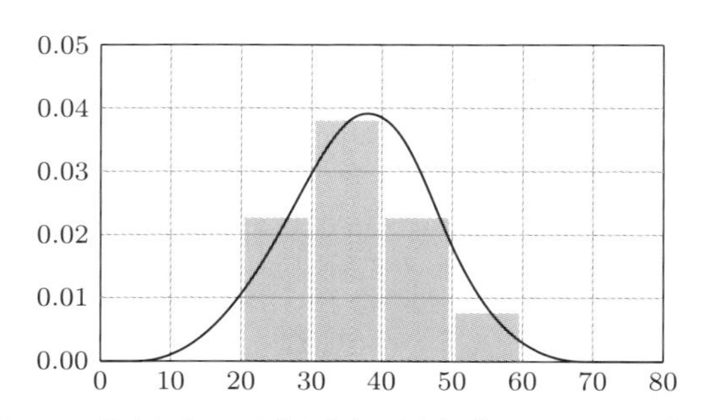

図 3.18　推定したワイブル分布と測定データのヒストグラム

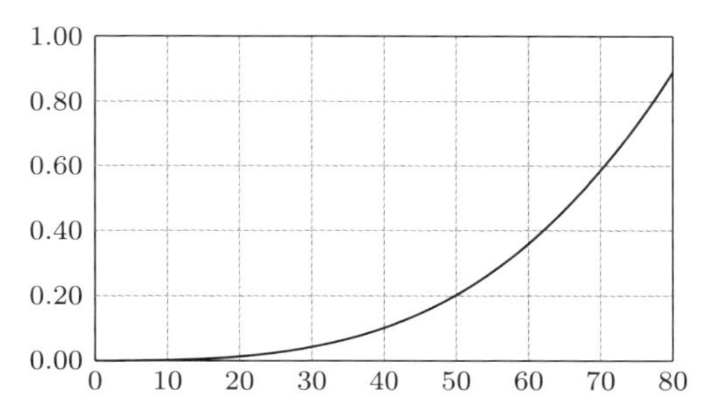

図 3.19　推定したワイブル分布の故障率関数

4 製品・設備の劣化・故障予測

第2章でも述べたとおり，メンテナンスマネジメントの基本は，予測ベース，計画主導，的確な評価に基づく改善である．何が起こるかわからないのでは，予防策を立てようがないので，まずは製品・設備に生じる可能性のある劣化・故障を予測する必要がある．そのうえでそれらへの対応策を計画し，実行する．ただし，予測は必ずしも正しいとは限らないから，実行結果の評価に基づいて予測の精度を向上させていくことが必要である．本章では，まず，劣化・故障の予測手法について述べる．

4.1 劣化・故障予測の手順

劣化・故障予測は，前章で説明した進展パターンによる考え方に基づいている．すなわち，製品・設備を運用すると，運転条件，環境条件に応じて各部にストレスが加わり，劣化が進んで，最終的に故障に至ると考える．その過程を把握することで，劣化・故障を予測するのである．これには，個々の要素での劣化の進展過程のほか，製品・設備の階層構造における劣化・故障の伝播過程も含まれる．すなわち，どの要素にどのようなストレスが加わり，どのような劣化メカニズムが誘起され，どの属性がどのように変化するか，という過程のほか，それがどのようにほかの要素へと連鎖し，どのような機能の変化となって製品・設備の故障に至るのか，という過程も把握する必要がある．

そのためには，図 4.1 のように，まず構造展開により製品・設備の構造を把握し，次に機能展開により構造と機能の関係を明らかにしたうえで，それらに基づいてス

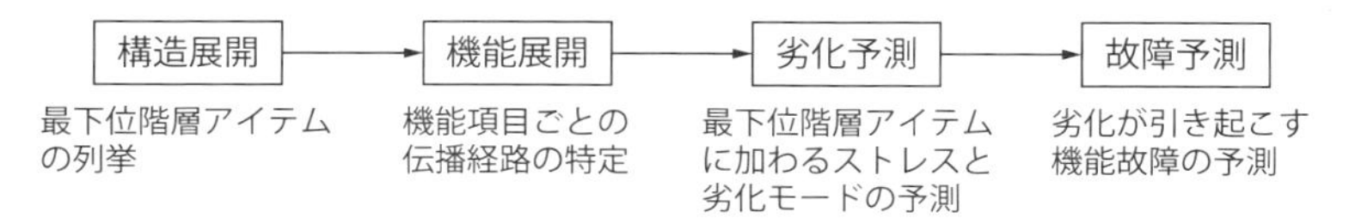

図 4.1　劣化・故障予測の手順

トレスとそれによって各部に引き起こされる劣化を予測し，最後に劣化によって生じる機能低下と故障を予測するという手順を踏む．これにより，複数の要素から製品・設備が構成されていても，適切な予測を行うことが可能となる．

なお，どのような故障であっても．その根本的な原因は要素の劣化であると考えられるが，処置単位が組立品の場合，そのレベルでの故障の予測に留める場合がある．故障したら交換することにしているセンサの場合，たとえば，切削液の侵入によって故障することがあるが，構成要素内部における劣化の進展過程までを把握することはせずに，「切削液の侵入による故障」として予測するといったことである．

☑ Point　**劣化・故障予測の原則**
いかなる故障も，その根本的な原因は劣化であると考えられる．
したがって，劣化の進展パターンを把握することで予測が可能となる．

4.2 構造展開

劣化・故障の予測の第 1 段階は，製品・設備を構成しているアイテムを列挙するためにその構造を把握することである．すでに CAD データや部品表があれば，改めて構造展開をする必要はないが，ユーザがメンテナンスをする場合は必ずしもそれらの情報がそろっているわけではない．その場合は，構造展開図を作成して，構成アイテムを特定する必要がある．図 4.2 は，エスカレータの上部駆動ユニットの構造展開の結果の一部である（説明用に簡略化している）．

構造展開図は，対象製品・設備を分解する手順に沿って階層的に記述していく．一度に分解されるものはその複雑さにかかわらず同一階層に表現する．たとえば，ユニットとそれを取り付けているボルトは同一階層に記述する．一般に，分解手順は複数あり得るので，それぞれに応じて異なる展開図ができる．ただし，劣化・故障予測の目的上は構成アイテムが漏れなく列挙されていればよく，どのように展開されているかは気にしなくてよい．また，階層も便宜的なものであり，同種のアイテムが異なった階層に位置づけられてもかまわない．たとえば，最初にカバーを外せば，第 1 階層にカバーとその止めねじが記入されるが，同様の止めねじは，さらに下の階層でも出現し得る．

構造展開においては，どこまで詳細に展開するのかが問題になるが，基本的には劣化の進展過程を把握したいアイテムまで展開しなければならない．ただし，汎用

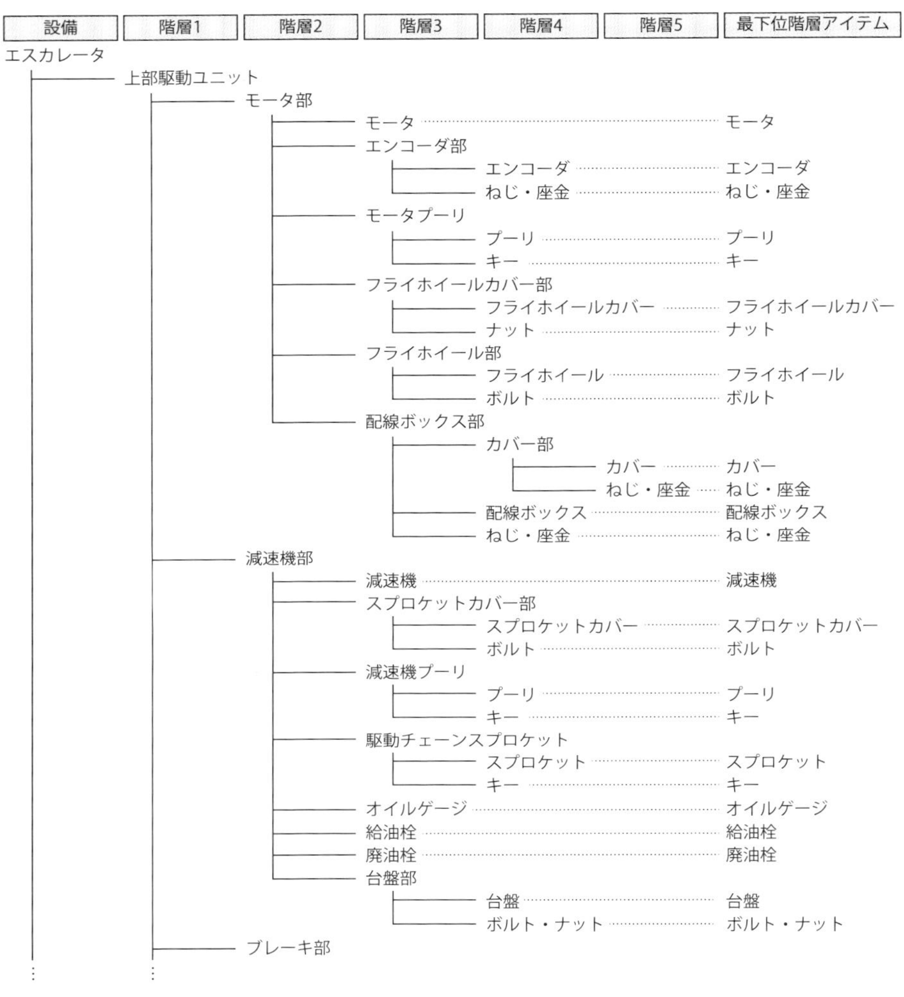

図 4.2　構造展開図の例（エスカレータの上部駆動ユニット）

的な組立品で，劣化・故障に関する知見がそろっている場合には，メンテナンスにおける処置の単位まで展開すればよい．たとえば，モータが故障した際の処置がモータ全体の交換であれば，それをさらに軸受やロータなどに展開する必要はない．モータで一般的に発生する劣化・故障については整理された情報があるので，それらを利用できる．しかし，大型で高価なモータのため損傷した軸受だけを交換するのであれば，軸受のレベルまで展開しておく必要がある．

このようにして作成した構造展開図では，展開木の末端のアイテムが劣化・故障予測およびメンテナンス処置の基本単位になる．ここでは，これらを最下位階層アイテムとよぶことにし，図 4.2 に示したように展開図の右端に改めて書き出しておく．

☑ Point　**構造展開**
製品・設備を構成するアイテムを，その構造に沿って階層的に記述する．
原則として，劣化の進展パターンの把握を行うアイテムまで展開する．

4.3 機能展開

4.3.1 構造と機能の対応

対象製品・設備の構造が把握できたら，次はそれに基づいて機能展開を行う．機能とは，アイテムに求められるはたらきと考えられる．製品・設備の設計段階では，要求される機能を詳細化し，実体のはたらきに対応させることで設計を進める．そのため，基本的には構造と機能の間には一定の対応関係が存在する．しかし，これは何らかの使い方を前提として定まるもので，使い方が異なれば，それらの対応関係も変わる．したがって，故障予測のためには，構造の把握に加えて，使用目的を考慮した機能解析が必要となる．

構造と機能の対応関係は，電気系や機械系など，対象アイテムの種類によっても異なる．電気系では，システムを構成する要素がそれぞれ固有の機能を発揮するので，構成アイテムと機能の対応関係が比較的明確である．機械系では，多くの場合，構成アイテムである機械要素の接続関係によって機能が発揮されるので，組み合わせの多様さから，構造と機能の関係がより複雑になる傾向がある．

4.3.2 機能関係

機能展開の目的は，構造展開で抽出された最下位階層アイテムの劣化や故障が，製品・設備のどのような故障を引き起こすのかを解析するために，アイテム間の機能的なつながりを明らかにすることである．機能と機能のつながりを機能関係とよび，機能間を伝播するもの，たとえば運動，熱，光，流体，電力，電気信号などを機能項目とよぶ．これらは，同じ構造中でもそれぞれ伝播の仕方が異なるため，機能関係は機能項目ごとに解析する必要がある．以下では，機械系アイテムの基本的な機能項目である運動の伝播について説明する．

機能の捉え方については，おもに設計工学の分野で様々な議論が行われており，必ずしも統一的な考え方が確立しているわけではない[35]．ここでは，機械系の構造と機能関係の基礎的な記述方法である部品接続グラフを用いる．図4.3に，歯車箱の部品接続グラフの例を示す[36]．

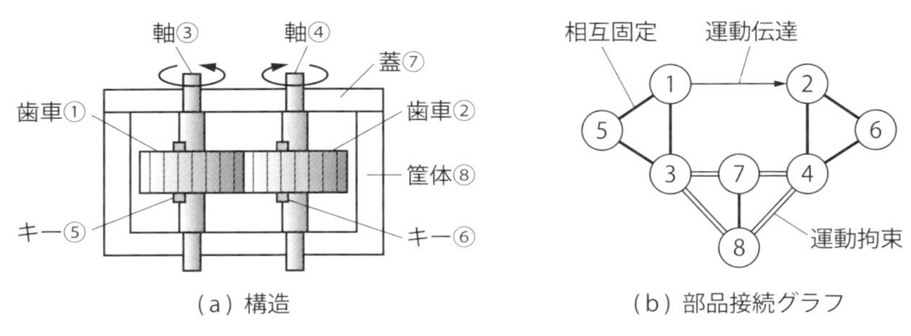

図4.3　部品接続グラフの例（歯車箱）[36]

部品接続グラフでは，アイテム間の機能関係を，相互固定，運動拘束，運動伝達の3種類に分類する．運動拘束と運動伝達の違いは，2部品の相対運動の向きと力の向きが，前者の場合は直交しており動力を伝達しないのに対し，後者の場合は共通方向成分をもち，動力が伝達されるところにある．

部品接続グラフでは，部品間で動力の伝達が行われる場合は，運動伝達枝によってそれらの部品が接続されるので，容易に運動伝播経路を特定することができる．この例では，歯車間の運動伝達が図4.4(a)のように歯車①と歯車②の間の矢印に

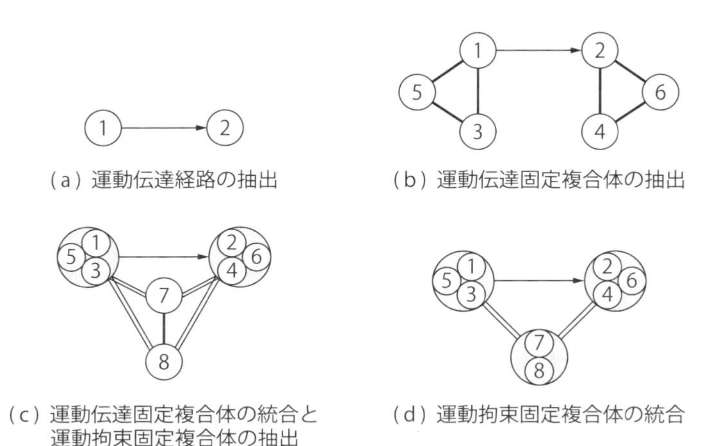

図4.4　構造と機能の関係の解析

よって示される．さらに，歯車箱を構成するほかの部品がこの運動伝達にどのようにかかわっているかも，部品接続グラフを用いて知ることができる．

まず，図 4.4(b)に示すように，部品接続グラフで，運動伝達に直接かかわる歯車と相互固定にある部品を特定する．これらは歯車と一体となって運動する．このような相互固定されている部品群は，製作の都合上複数の部品によって構成されているが，機能的には一つの部品として扱うことができ，固定複合体とよばれる．これら運動伝達固定複合体が運動可能なためには，運動拘束関係によって固定部から支持されている必要がある．この関係は，図(c)に示されるように，部品接続グラフでは運動拘束枝によって示される．相互固定枝によって接続されている部品をまとめ，運動拘束枝と運動伝達枝だけにすることにより，図(d)に示すように部品接続グラフが簡略化され，各部品の機能的な役割を明確にすることができる．

機能の伝播という観点からは，一般に機能関係は以下の 2 種類に大別できる．

(1) 入出力関係：あるアイテムの出力機能が，ほかのアイテムの機能の入力となっている場合である．たとえば，歯車箱の例では，歯車①の運動が歯車②に伝達されるので，この関係は入出力関係となる．基本的には，運動，流体などが伝達される経路上のアイテム間のつながりは入出力関係と捉えることができる．

(2) 補助関係：あるアイテムの機能の実現を，別のアイテムの機能が補助する場合である．歯車箱の例では，軸と軸受の運動拘束関係や，歯車，軸，キーの間の相互固定関係などがこれにあたる．

熱，光，流体，電力，電気信号などの機能項目ごとに，アイテム間の接続関係は異なるので注意が必要である．とくに，熱や光などのように空間を通じても伝播する機能項目は，アイテム間の配置関係によっては，意図していないアイテム間に接続関係を生むことがある．そのほかにも，外部からの物体を介してアイテム間に機能的な関係が生じる場合がある．たとえば，ベルトコンベアに投入された物体を介して，到着検知の光電センサとコンベアの駆動制御装置が関係づけられるような場合である．このように，それぞれの特性を考慮して機能項目ごとに構造中の伝播経路を明らかにし，アイテム間の機能関係を解析する必要がある．

☑ Point　**機能展開**

アイテム間の機能的なつながり（機能関係）を，部品接続グラフなどにより記述する．伝播する機能（機能項目）ごとに，その特性に注意して展開する必要がある．

4.3.3 機能ブロック図

以上のようなアイテム間の機能関係を視覚的にわかりやすく表現する方法の一つとして，機能ブロック図がある．ただし，一口に機能ブロック図といっても，目的に応じて多様な描き方がある．ここでは，部品接続グラフの考え方に基づいて，以下の手順で機能ブロック図を作成する．

(1) 最下位階層アイテムを矩形のブロックで表す．各ブロックにはアイテム名を付ける．

(2) 最下位階層アイテムのブロック間を，入出力関係や補助関係などの機能関係に対応した線で接続する．入出力関係は，伝播する機能項目の種類ごとに矢印で表す．

(3) 上位階層のアイテムは，それを物理的に構成するアイテムを枠で囲って表現する．それら上位階層のアイテム間の機能関係は，枠で囲ったブロック間を接続する線によって表す．

なお，上記(3)では，物理的な階層構造と機能的な階層構造が一致していることを前提としているが，一般には，両者が一致するとは限らない．そこでさらに，以下のように上位ブロックを修正して，機能的な階層構造を表現したものにする．

(4) 枠で囲った上位階層のアイテム間に存在する線が補助関係だけで，入出力関係がない場合は，機能的にはそれらは一つのまとまりと考えてよいので，一つのブロックに統合する．

(5) 上位階層のブロックが，入出力関係のみで接続される複数のかたまりに分けられる場合は，かたまりごとにブロックを分解する．

一例として，図4.2に構造展開図を示したエスカレータの上部駆動ユニットについて，その機能ブロック図を図4.5に示す．ここでは，機能項目として，運動，電力・信号，潤滑油の伝播を示しているが，階層関係については，おもに運動伝達機能に着目して記述している．図では，モータからVベルトを介して動力が減速機に伝達され，さらに駆動チェーンを介してステップが駆動されるとともに，ブレーキ部のアーマチュアが作用することが示されている．なお，モータや減速機は，構造展開図すなわち物理的な階層構造ではそれぞれ最下位階層アイテムになっているが，機能ブロック図では，運動伝達固定複合体と運動拘束固定複合体を区別するために，たとえばモータであれば，モータ固定部とモータ軸に分けて記述している．

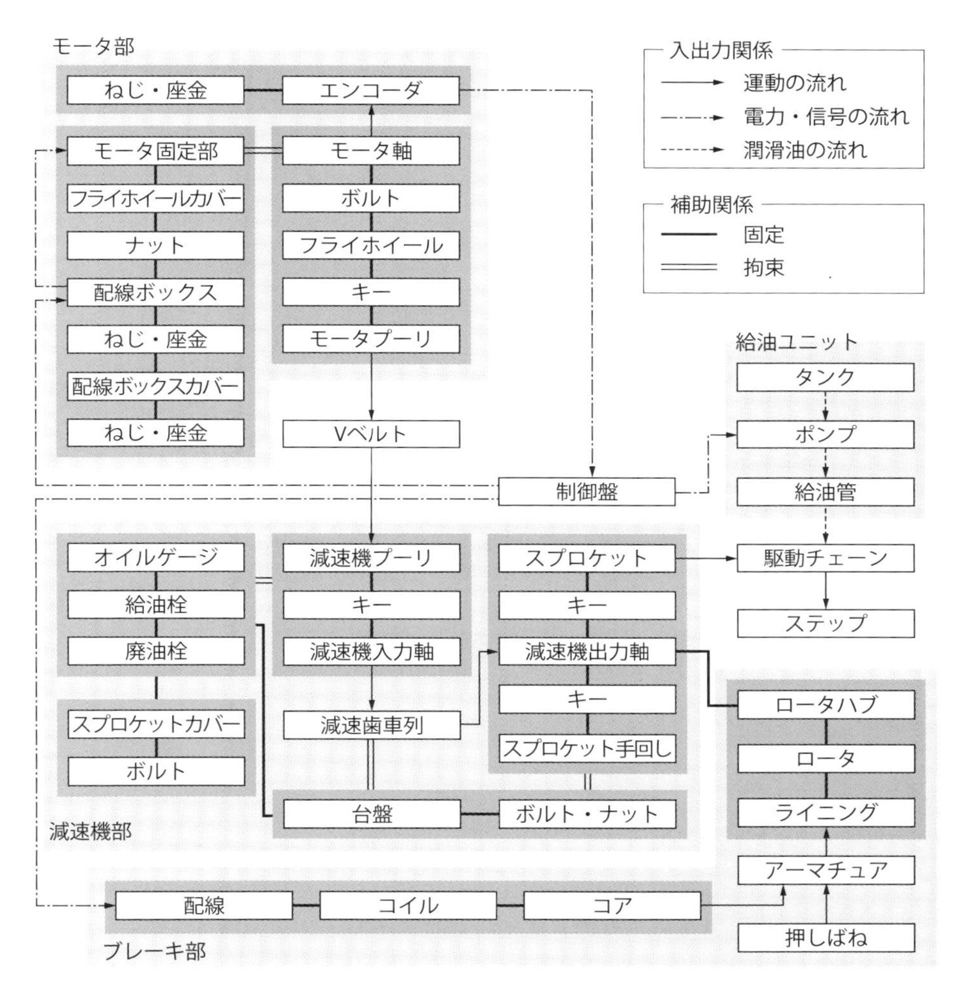

図 4.5 機能ブロック図の例（エスカレータの上部駆動ユニット）

4.4 劣化・故障予測

機能展開の後は，劣化・故障予測を行う．基本的には，まず劣化予測を行い，それに基づいて故障予測を行うことになるが，後述するように劣化と故障の伝播には様々なパターンが考えられるため，両者を合わせて本節で扱う．

4.4.1 劣化要因と劣化プロセス

劣化予測では，まず構造展開で抽出した最下位階層アイテムで発生する可能性のある劣化モードを特定する．劣化は，それを引き起こす要因がそろうことで，劣化メカニズムに従って生起すると考えられる．この関係を図4.6(a)に示す[37]．メカニズムを楕円で，メカニズムへの入力に相当する要因および出力に相当する劣化モードを矩形で表し，これら3要素の組み合わせを劣化プロセスとよぶ．たとえば，疲労破壊の劣化プロセスは，応力集中形状に繰返し応力が加わることによって生じるので，図(b)のように表される．

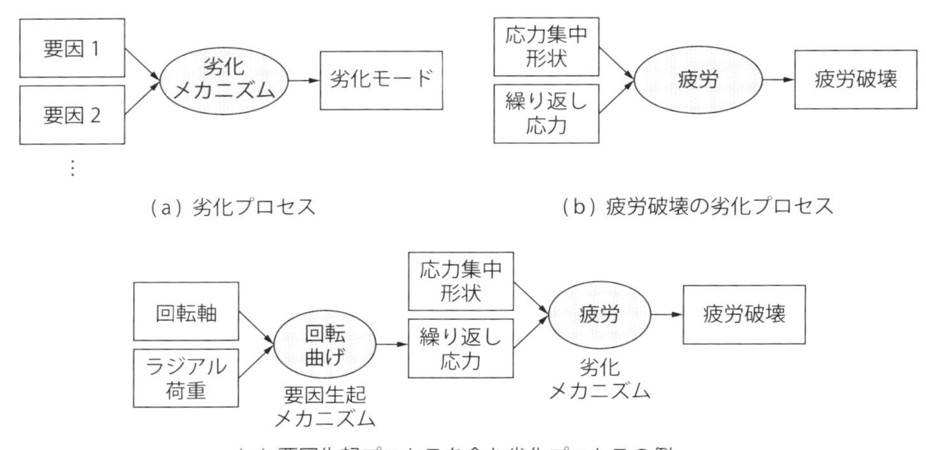

(a) 劣化プロセス　(b) 疲労破壊の劣化プロセス

(c) 要因生起プロセスを含む劣化プロセスの例

図4.6　劣化プロセス

劣化を生起させる要因は，次の3種類に大別される．

(1) 物理的ストレス：アイテムに加わる荷重や熱，および他アイテムや外部の物体との相対運動などによる要因である．荷重や熱は，外部から加わるものと，製品・設備の運転により内部で発生するものがある．他アイテムとの相対運動の例としては，歯車のかみ合いに伴う歯面間の転がり滑りなどがある．また，外部の物体との相対運動の例としては，部品供給シュート上を部品が滑り落ちる場合などがある．

(2) 化学的ストレス：気体，液体などに部品がさらされることによる要因である．いわゆる腐食環境が最も多く見られる例であるが，材料脆化の要因となる水素環境などもこれにあたる．

(3) アイテム属性：形状，材質，表面性状などの，アイテム自身の属性による要因である．上記2種類のストレスとの組み合わせにより，劣化を促進したり，抑制したりする．たとえば，同じ湿食環境下でも炭素鋼は腐食するが，ステンレス鋼は腐食しない．また，キー溝のように形状が鋭く変化する部分は応力が集中しやすく，疲労破壊の起点となりやすい．

これらの要因は必ずしも直接的に存在するとは限らず，何らかのメカニズムによって引き起こされる場合があるので注意が必要である．これを要因生起メカニズムとよぶ．図(c)には，回転曲げという要因生起メカニズムを含む疲労破壊の劣化プロセスの例を示す．回転曲げとは，回転軸に垂直な荷重（ラジアル荷重）が加わり軸が曲げられた状態で回転することで，軸表面付近に引張応力と圧縮応力が交互に生じる現象である．このように，直接的には繰り返し応力という要因が存在しないように見えても，要因生起メカニズムによって要因が生起されることによって劣化が生じる場合がある．

☑ Point　**劣化プロセス**

劣化要因，劣化メカニズム，劣化モードの3要素の組み合わせである．
劣化要因は，要因生起メカニズムにより引き起こされる場合がある．

4.4.2 劣化モードの特定

以上のように，製品・設備構造（構成アイテムとそれらの接続関係の特性），運転条件，使用環境より，各アイテムにどのような要因が存在するかを調べ，劣化プロセスを予測することで，生じ得る劣化モードを特定できる．最下位階層アイテムに生じ得る劣化モードが特定できれば，先に行った機能展開に基づいて，それがさらにどのような劣化あるいは故障を引き起こすか予測できる．

図4.7に，生じ得る劣化モードの特定手順を示す．アイテム属性，運転条件および環境条件より，前項で述べた3種類の要因を抽出し，それらの要因によって生起する要因生起メカニズムと劣化メカニズムを組み合わせ，劣化プロセスを生成する．このためには，様々な劣化メカニズムや要因生起メカニズムを，要因および劣化モードとともにデータベース化しておくことが有効である．抽出した要因から，生起される可能性のあるメカニズムを検索し，それらを組み合わせて劣化プロセスを生成することで，生じ得る劣化モードを特定する．

なお，すでに述べたように，構造展開の最下位階層アイテムがモータ，スイッチ，

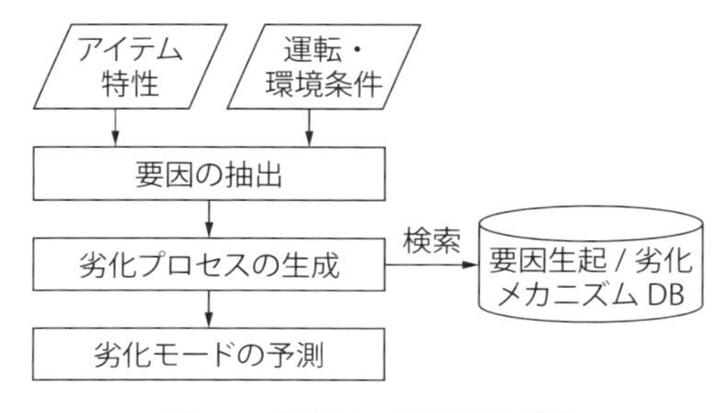

図 4.7　劣化モードの特定手順

減速装置といった組立品では，上記のような劣化モードの特定ができないことがある．そのようなアイテムでは，一般的に利用できる情報や経験に基づいて，生じ得る劣化もしくは故障を推定することになる．また，たとえば直流モータのブラシと整流子といったクリティカルな部品が知られている場合は，その部分についてのアイテム属性を調べ，劣化予測を行うこともある．

4.4.3　劣化・故障の伝播パターンと劣化・故障プロセス

故障予測では，最下位階層のアイテムの劣化や故障が，ユニットやシステムなどの上位階層のアイテムの機能に，どのような影響を及ぼすかを推定する．この劣化・故障の伝播は，劣化が故障を生む，故障が故障を生むといった因果関係によるものだけではない．劣化や故障が，別の劣化を引き起こす場合がある．一般に，伝播のパターンとしては，以下の組み合わせが考えられる．

(1)　劣化が故障を引き起こす
(2)　故障が故障を引き起こす
(3)　劣化が劣化を引き起こす
(4)　故障が劣化を引き起こす

(3)の例としては，プーリの摩耗により V ベルトの摩耗が促進される場合が挙げられ，(4)の例としては，制御装置の冷却ファンの風量低下が，装置内の温度上昇を引き起こし，回路素子の劣化を促進する場合が挙げられる．

劣化・故障の伝播経路は，先に行った構造展開および機能展開に基づいて解析される．基本的な方法としては，前述の機能ブロック図において入出力関係をたどることが挙げられ，これにより劣化・故障の伝播経路が求められる．

ただし，一般に伝播の過程は複雑になり得るので，前項で述べたような手順で劣化プロセスを生成し，それを用いて解析を行うのがよい．図 4.8 に，切削加工機に

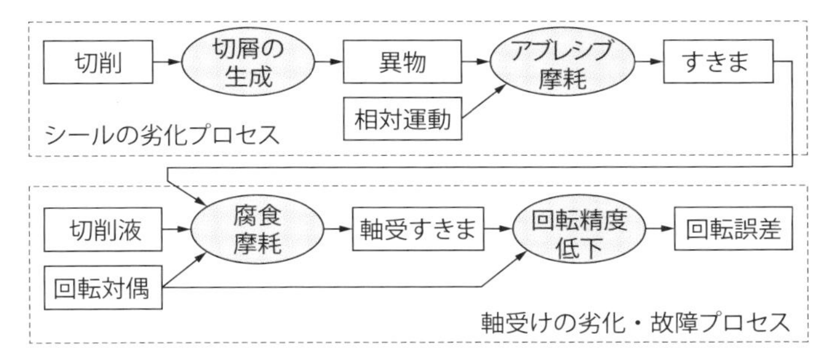

図 4.8　劣化・故障プロセスの例

おける劣化・故障の伝播経路を表現した例を示す．飛散した切屑により主軸軸受のシールに傷が付き，そこから侵入した切削液で軸受内部が腐食摩耗し，最終的に加工精度不良という故障が引き起こされる様子を表している．これは故障メカニズムも含めた因果関係を表しており，劣化・故障プロセスとよぶ．その具体的な生成手順の例は，次節で説明する．

☑ Point　**劣化・故障プロセス**
製品・設備の階層構造における劣化・故障の伝播経路を表す．
要因，メカニズム，劣化・故障モードの 3 要素の組み合わせの連鎖で表現できる．

劣化・故障プロセスでは，要因が明記されるので因果関係の詳細をわかりやすく表現できるが，表現されるのはプロセスの伝播経路であり，物理的な伝播経路は必ずしも明示されない．一方，機能ブロック図では，物理的な伝播経路は明示されるが，因果関係の詳細は表現されない．したがって，故障予測のための解析は，両者を相補的に利用して行うことが望ましい．

なお，解析の際には，対象の製品・設備が本来もつ機能ではなく，運転に伴って副次的に生じる挙動の影響は見落とされがちなので，注意が必要である．たとえば，近くに設置された回転機械で生じる振動により，隣接する機械のボルトの緩みが引き起こされるといった場合である．

4.5　事例データベースに基づく劣化・故障プロセスの生成手順[38]

劣化・故障プロセスの生成は，基本的には図 4.7 に示した劣化プロセスの生成と同様，アイテム属性や運転条件・環境条件から抽出した要因によって生起されるメカニズムを求め，それらを組み合わせることで行える．

そのためには，過去に発生した劣化・故障プロセスの事例をデータベース化しておき，要因から検索できるようにしておくことが有効な方法の一つと考えられる．しかし，様々なメカニズムの組み合わせとなる劣化・故障プロセスでは，まったく同じ事例がデータベースに存在する可能性は高くない．そこで，事例に含まれるメカニズムの生起要因が，対象アイテムがもつ要因とどの程度一致するかを適用度として評価し，その値が一定値以上になる事例を取り出すことを考える．適用度の計算の方法は種々考えられるが，その一例として，筆者らが提案した方法を説明する．

事例データベースに，要因 A〜E からなる劣化・故障プロセスの事例 X が存在しているとする．このとき，要因 B〜E をもつアイテムに対する，この事例 X の適用度の計算方法を図 4.9 に示す．

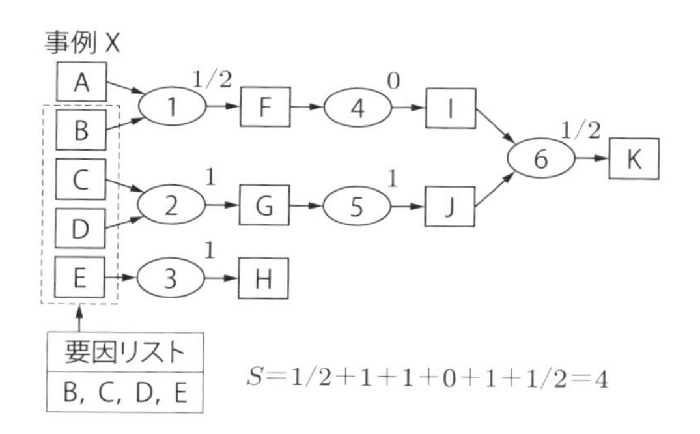

図 4.9　適用度の計算方法[38]

事例 X には，1 から 6 までのメカニズムが含まれている．まず，これらの各メカニズムの生起要因が対象アイテムにおいて満たされているかどうかを調べる．メカニズム 2，3 については要因が満たされており，その結果，メカニズム 5 についても要因が満たされる．これらのメカニズムについては適用度を 1 とする．一方，メカニズム 1 は，二つの要因に対して一つの要因しか満たされていないので，適用度は 1/2 と考える．ただし，メカニズム 1 の結果である要因 F は生起していないと考え，メカニズム 4 の適用度は 0 となる．メカニズム 6 については，メカニズム 1 と同様に適用度は 1/2 となる．以上から，事例 X の適用度 S は，各メカニズムの適用度の和として次式で求められる．

$$S = \frac{1}{2} + 1 + 1 + 0 + 1 + \frac{1}{2} = 4 \tag{4.1}$$

ただし，この計算方法では単に事例に含まれるメカニズムが多いほど S は大きいことになるので，事例に含まれるメカニズム数 N に対する比で表し．S/N を適用度とすることも考えられる．

解析対象のアイテムで生起する劣化・故障プロセスでは，適用度に基づき検索された事例に含まれるメカニズムのうちの一部しか生起しない．そこで，それらの事例を基に，解析対象アイテムで生起する劣化・故障プロセスを新たに生成する必要がある．まず，検索された事例から，解析対象アイテムがもつ要因によって生起条件が満たされる部分を特定し，部分プロセスとして抽出する．次に，抽出した部分プロセスを，データベースに蓄積した基本メカニズムを用いてつなぎ合わせることで，新たな劣化・故障プロセスを生成する．基本メカニズムとは，劣化メカニズムや要因生起メカニズム，故障メカニズムなどの，一つひとつの個別メカニズムのことを指す．生成手順を示すと，以下のようになる．

(1) 解析対象のアイテムがもつ初期要因を用いて事例データベースを検索し，適用可能な事例を見つける．
(2) 要因リスト中の要因によって生起する部分プロセスを抽出する．
(3) 同様に要因リストを用いて基本メカニズムデータベースを検索し，先に抽出した部分プロセスに付加できる基本メカニズムを見つける．
(4) 部分プロセスの抽出および基本メカニズムの付加により追加された要因を加えて，要因リストを更新する．
(5) 手順(2)～(4)を，要因リストの更新がなくなるまで繰り返す．
(6) 最後に，すべての部分プロセスおよび基本メカニズムから予測劣化・故障プロセスを作成する†．

以上の手順を，具体的な例で確認しよう．初期要因が A～E で，手順(1)の検索の結果，図 4.10 のような事例 1 と事例 2 が見つかったとする．手順(2)により，初期要因リストから部分プロセスを抽出すると，要因 A, B, C により事例 1 の部分プロセス α が，要因 C, D, E により事例 2 の部分プロセス β が抽出される．

手順(3)により，初期要因リストを用いて基本メカニズムデータベースを検索し，部分プロセス α, β に付加できる基本メカニズムを探す．ここでは，付加できる基本メカニズムはなかったとして手順(4)に進む．

要因リストを更新する．ここでは，プロセス α および β により追加される要因 F,

† このとき生成される劣化・故障プロセスは一つとは限らず，複数のプロセスに分かれる場合がある．

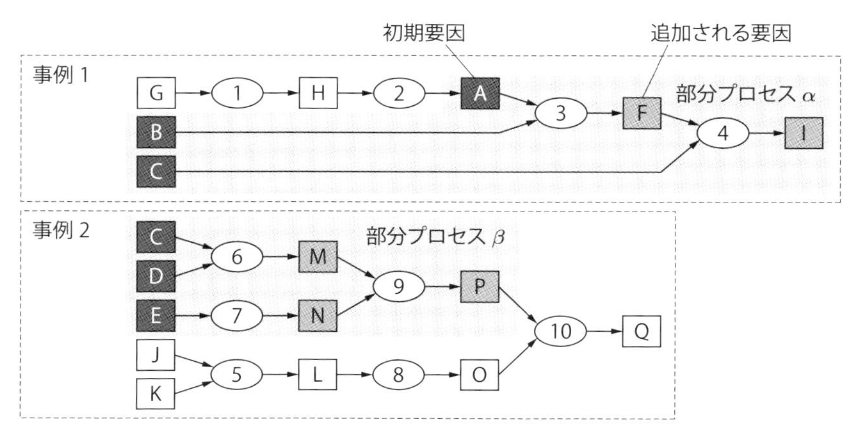

図 4.10　検索で見つかった事例と部分プロセスの抽出[38]

I および M, N, P を初期要因 A ~ E に加えて，新たな要因リストとする．

リストが更新されたので，手順(2) ~ (4)を繰り返す．追加された要因 I, M から，基本メカニズム δ が付加されて，要因 O が追加されたとする．リストが更新されるので，また手順(2) ~ (4)を繰り返す．要因 O，P から事例 2 の部分プロセス γ が抽出されて要因 Q が追加されたとすると，図 4.11 のようになる．

リストが更新されたので，手順(2) ~ (4)を繰り返すが，それ以上は部分プロセスが抽出されず，基本メカニズムの付加もなかったとして手順(6)に進む．最終的に予測劣化・故障プロセスを作成すると，図 4.12 のようになる．

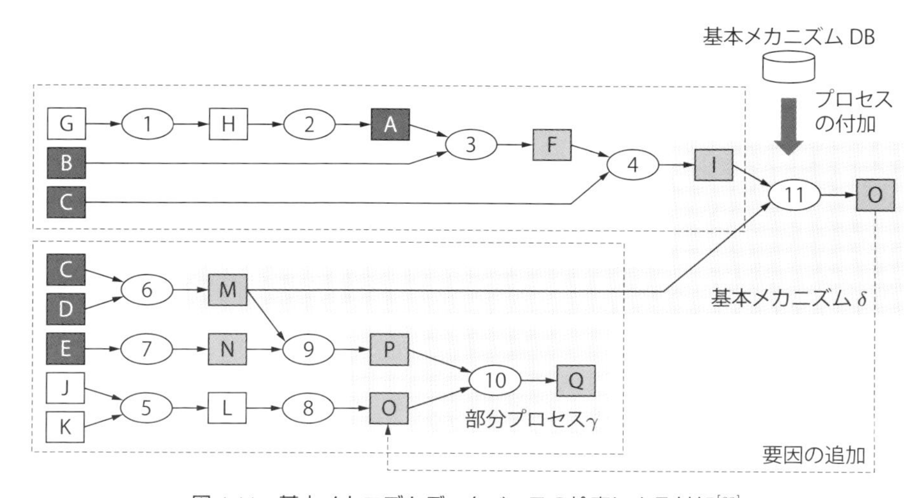

図 4.11　基本メカニズムデータベースの検索による付加[38]

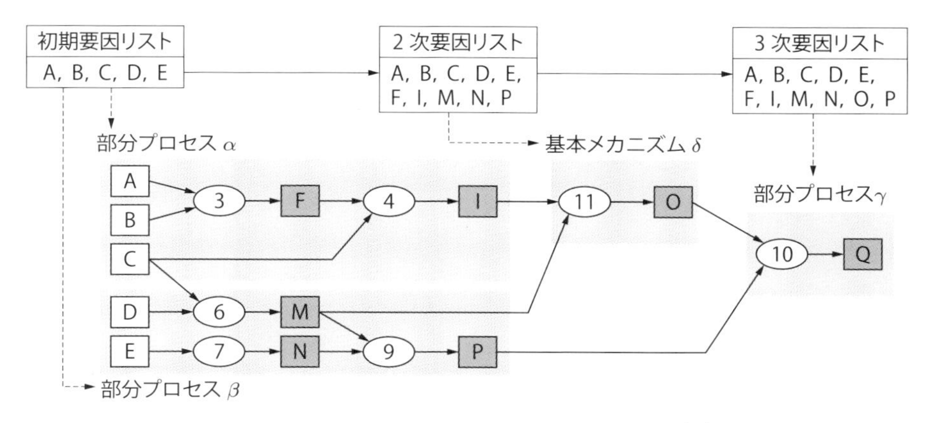

図 4.12　最終的に作成された劣化・故障プロセス[38]

4.6 FMEA と FTA

4.6.1 FMEA と FTA の概要

劣化・故障の解析は，メンテナンスに限らず，信頼性，安全性など様々な分野で必要とされる基本的な課題である．そのために，これまで種々の手法が提案されている．それらの中でも最もよく知られ，また利用もされているのが，FMEA（Failure Mode and Effects Analysis）と FTA（Fault Tree Analysis）である．FMEA, FTA は，米国の軍事，宇宙開発に関連して，1940 年代後期から 1960 年代にかけて生まれた手法といわれている．ともに開発・設計段階で，製品の信頼性に関する潜在的問題を抽出し，対策を講じるための手法として開発された．

FMEA は，原因側から結果側，すなわちシステムの階層構造の下位から上位へ，どのように影響が伝播していくかを解析するボトムアップ的手法である．ある一つの構成要素の劣化・故障が，システム全体に及ぼす影響の大きさを評価して優先度づけを行うため，効率的な対策を施すことが可能になる．また，想定されていない潜在的な故障の予測にも役立つ．一方，FTA は，故障の発生要因を階層構造に沿って上位から下位にたどっていくトップダウン的手法である．原因となる事象の発生確率から，故障の発生確率を定量的に評価することもできる．

このように，両者は互いに対照的な考え方に基づき，相補的な特徴をもつ解析手法であり，どちらも幅広い分野で活用されている．前述のように，おもに製品の開発・設計に役立てることを目的として開発されたが，メンテナンスマネジメントにおいても，重要な劣化・故障モードを特定する手法として有効である．FMEA には，対策の優先度づけも含まれており，これは次章で述べる劣化・故障の影響度評価にも対応している．

FMEA，FTA ともに標準化がなされており．FMEA は 1985 年に国際規格 IEC 812 が発行され，2006 年に IEC 60812 として第 2 版が，2018 年に第 3 版が発行されている．国内規格としては，IEC 60812：2006 を基に 2011 年に JIS C 5750-4-3：2011 が発行され，2021 年に改正されている[39]．FTA は 1990 年に IEC 61025 第 1 版が，2006 年に第 2 版が発行され，この第 2 版を基に 2011 年に JIS C 5750-4-4：2011 が発行されている[40]．

故障解析には，ほかにも種々の手法が提案されている．たとえば，FMEA，FTA では事象間の時間的順序関係を陽には表現できない．この欠点を補い，原因側から結果側に向かって時間軸上でどのように事象が波及し，望ましくない結果に至るかを解析する手法として ETA（Event Tree Analysis）が知られている[41]．FMEA，FTA のテキストをはじめとして，故障解析には様々な文献がある．詳細はそれらを参照してもらいたい[41, 42]．

4.6.2 FMEA

図 4.13 に示すように，FMEA の手順は大まかに 4 段階に分けられる．以下，各段階について説明する．

(1) 解析対象アイテムの特定と構成要素への分解および要素機能の明確化

FMEA の実施にあたり，解析対象アイテムを特定し，その構造，機能，使用条件，環境条件などを理解しておく必要がある．これには，設計仕様書などの資料だけでなく，類似システムなども参照するとよい．また，対象システムをどこまで要素に展開し解析するかを決める必要がある．あまり細かく展開しても解析しきれないし，粗すぎると問題が的確に特定できず，対策につながらない．展開された要素は，制御機能，変速機能などの機能でまとめる．複雑なシステムでは，機能を階層的に整理し，最下位機能に対応させて要素を分類する．得られた最下位要素を，表 4.1 のようなワークシートのアイテムおよび機能の欄に列記する．ワークシートの書式に決まりはなく，これは一例である．対象システムや解析目的に応じて，記載項目を選択してよい．

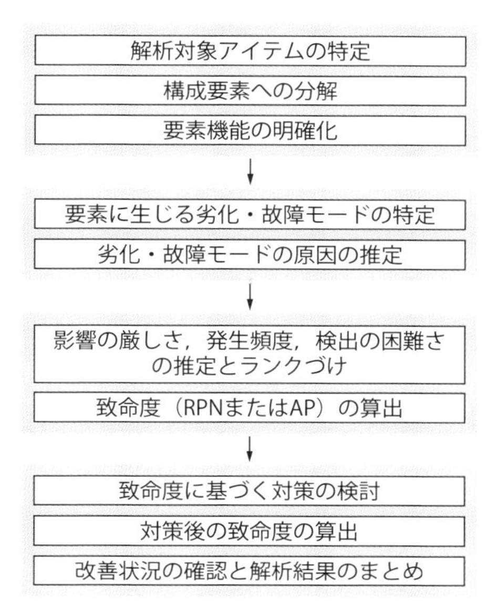

図 4.13　FMEAの手順

表 4.1　FMEAのワークシートの例

ワークシート情報の記載エリア（対象システム，作成者，作成日付など）										
No.	アイテムおよび機能	劣化・故障モード	推定原因	局所的影響	最終的影響	検出方法	厳しさS	発生頻度O	検出の困難さD	RPN/AP

☑ Point　**FMEAの実施手順(1)**
どこまで分解して解析を行うかが重要である．

(2) 劣化・故障モードと原因の推定

(1)で列記した各要素の劣化・故障モードを推定する．この段階でリストアップされない劣化・故障モードは解析されないことになるので，見落としがないように十分注意する必要がある．また，一つの要素に対して複数の劣化・故障モードが存在する場合があることに留意すべきである．劣化・故障モードとその原因の推定方法としては，ブレーンストーミング，図面に基づく検討，過去の事例の参照，一般に整理されている劣化・故障モードの参照などがある．なお，ライフサイクルの各段階で，運用，環境条件等が異なることがあるので，それぞれの段階を想定して劣化・故障モードとその原因を検討することも必要になる．

☑ Point　FMEAの実施手順(2)
劣化・故障モードの見落としがないように注意する．

(3) 致命度の算出

推定した要素の劣化・故障モードについて，改善策検討の優先順位を付ける．これは，基本的には劣化・故障モードがもつリスクに基づいて行われ，致命度とよばれる．そのため，この優先順位づけを致命度解析とよぶ†．

劣化・故障モードのリスクは影響の厳しさと発生頻度から求められるが，致命度の評価においては，さらに検出の困難さを加味した次式で示されるリスク優先数（RPN：Risk Priority Number）が用いられることが多い．

$$\mathrm{RPN} = S \times O \times D \tag{4.2}$$

ここで，Sは影響の厳しさを，Oは発生頻度，Dは検出の困難さに関する評点である．これらの評点を定量的な評価基準に基づいて定めるのは一般的に難しいため，多くの場合，4または5ないし10段階のランクで分けた定性的な評価基準が用いられる．通常，各ランクの評点は1点，2点，3点，…といった等差法で決められるが，安全性などの面から，とくに上位ランクを厳しくしたい場合は，1点，2点，4点，…といった等比法を使用する場合もある．一例として，自動車産業で用いられている影響の厳しさ，発生頻度，検出の困難さのランク表を，**表4.2～4.4**に示す．なお，一つの劣化・故障モードに対して複数の影響が考えられる場合もある．そのような場合は，それぞれの影響の厳しさを評価する必要がある．

致命度の評価においては，影響の厳しさ，発生頻度，検出の困難さのほか，影響が及ぶ範囲，故障防止の難易度，新規設計の程度などの項目を考慮する場合もある．ただし，これらの項目も，結局のところ影響の厳しさか発生頻度に帰着するものである．影響が及ぶ範囲は影響の厳しさに関係するし，故障防止の難易度は発生頻度に関係する．また，新規設計の部分はとくに不具合の発生頻度が高く，注意が必要である．

RPNによる優先度の評価は簡便で実用的だが，その数値の解釈には注意が必要

† このため，FMEAに致命度解析を表すCを加えて，FMECA（Failure Mode, Effects and Criticality Analysis）とよぶことがある．

表 4.2 影響の厳しさのランク[42]

ランク	厳しさ	基準	
1	なし	認識可能な影響がない	
2	非常に軽微	はめ合いや仕上げ，アイテムのきしみやガタつきの不適合	目の肥えた顧客（25%未満）が気づく欠陥
3	軽微		顧客の 50%が気づく欠陥
4	非常に低		大半の顧客（75%以上）が気づく欠陥
5	低	車両やアイテムは動作するが，快適性・利便性が低い状態	顧客はやや不満
6	中	車両やアイテムは動作するが，快適性・利便性がない状態	顧客は不満
7	高	車両やアイテムの性能が低い状態	顧客はきわめて不満
8	非常に高	車両やアイテムが動作しない（主要な機能が喪失）	
9	危険性あり	潜在的故障モードが車両の安全な運行に影響する 非常に重大性が高いランク	法令違反のおそれがある
10	ただちに危険		ただちに法令違反となる

表 4.3 発生頻度のランク[42]

ランク	発生頻度	基準	発生件数の目安（1000 件あたり）		
			IEC（AIAG）	米国陸軍	SAE
1	まれ	ほぼ故障しない	0.01 以下	0.1	未然防止で 0
2	低	故障は比較的少ない	0.1	0.2	0.001
3			0.5	0.5	0.01
4	中	ときどき故障する	1	1	0.1
5			2	2	0.5
6			5	5	2
7	高	繰り返し故障する	10	10	10
8			20	20	20
9	非常に高	必ず故障する	50	50	50
10			100 以上	100	100

である．たとえば，$S = 6$，$O = 4$，$D = 2$ の場合は RPN $= 48$ だが，頻度が 1 ランク上がった $S = 6$，$O = 5$，$D = 2$ の場合は RPN $= 60$ となる．表 4.3 によれば，IEC および米国陸軍の場合 $O = 5$ は $O = 4$ の 2 倍の発生頻度だが，RPN は 2 倍にはなっていない．ランクに対する評点の付け方にもよるが，一般に RPN

表 4.4　検出の困難さのランク[42]

ランク	検出の困難さ	基準
1	ほとんど確実	ほとんど確実に検出される
2	非常に高	検出される可能性が非常に高い
3	高	検出される可能性が高い
4	中高	検出される可能性が中〜高程度
5	中	検出される可能性が中程度
6	低	検出される可能性が低い
7	非常に低	検出される可能性は非常に低い
8	まれ	検出されることはまれである
9	非常にまれ	検出されることは非常にまれである
10	まったく不確か	検出されない／検出不能／管理されない

の値は線形的な比較はできない．また，影響の厳しさのランクが非常に高い一方，発生頻度が低く，かつ検出の困難さが低い故障モードの RPN は，すべての項目が平均的な場合の RPN よりはるかに低い値になる場合がある（たとえば，$S = 10$，$O = 3$，$D = 2$ とすると RPN = 60 となるが，3 項目ともランク 5 の場合は RPN = 125 となる）．これは，RPN では，S，O，D の 3 項目を同等に扱っていることによる．

これに対して，2019 年に出された，自動車産業における品質マネジメント規格 IATF 16949 の参照文書である AIAG & VDA FMEA ハンドブックでは，RPN の代わりに処置優先度（AP：Action Priority）が用いられている[43]．FMEA は IATF 16949 の中で最も重要なコアツールとして位置づけられているが，従来，その参照文書として，米国の AIAG（Automotive Industry Action Group）とドイツの VDA（Verband der Automobilindustrie）の二つの FMEA マニュアルが存在していた．近年，両者の統合作業が行われ，2019 年に AIAG & VDA FMEA ハンドブックが発行され，その中では，致命度の評価に RPN の代わりに AP が用いられている．S，O，D の 3 項目を用いて優先度を評価することには変わりはないが，RPN では 3 項目を同等に扱い単純に評点を掛け合わせているのに対して，AP では優先度に対する寄与が S，O，D の順に大きいとして，表 4.5 に示す処置優先度表に従って，3 項目のランクの組み合わせに対して H（High），M（Medium），L（Low）の優先度を指定するようになっている．

表 4.5　処置優先度[43]

<table>
<tr><th rowspan="2">S</th><th rowspan="2">O</th><th colspan="4">D</th></tr>
<tr><th>1</th><th>2～4</th><th>5～6</th><th>7～10</th></tr>
<tr><td>1</td><td>1～10</td><td colspan="4">L</td></tr>
<tr><td rowspan="2">2～3</td><td>1～7</td><td colspan="4">L</td></tr>
<tr><td>8～10</td><td colspan="2">L</td><td colspan="2">M</td></tr>
<tr><td rowspan="4">4～6</td><td>1～3</td><td colspan="4">L</td></tr>
<tr><td>4～5</td><td colspan="3">L</td><td>M</td></tr>
<tr><td>6～7</td><td>L</td><td colspan="3">M</td></tr>
<tr><td>8～10</td><td colspan="2">M</td><td colspan="2">H</td></tr>
<tr><td rowspan="5">7～8</td><td>1</td><td colspan="4">L</td></tr>
<tr><td>2～3</td><td colspan="2">L</td><td colspan="2">M</td></tr>
<tr><td>4～5</td><td colspan="3">M</td><td>H</td></tr>
<tr><td>6～7</td><td>M</td><td colspan="3">H</td></tr>
<tr><td>8～10</td><td colspan="4">H</td></tr>
<tr><td rowspan="4">9～10</td><td>1</td><td colspan="4">L</td></tr>
<tr><td>2～3</td><td colspan="2">L</td><td>M</td><td>H</td></tr>
<tr><td>4～5</td><td>M</td><td colspan="3">H</td></tr>
<tr><td>6～10</td><td colspan="4">H</td></tr>
</table>

☑ Point　FMEA の実施手順(3)
影響の厳しさ，発生頻度，検出の困難さをランクづけし，各評点から致命度を計算する．

(4) 対策の検討

致命度が高い順に対策を検討する．これには，設計での対策，製造での対策，運用での対策などが考えられる．設計での対策は，アイテムの改良による故障発生頻度の低減と，冗長化などの機能構造の変更による影響の緩和が考えられる．製造での対策としては，工程改善による品質のばらつきの低減が，また，運用での対策としては，メンテナンスの強化などが考えられる．検討した対策は，対策後に改めて致命度を評価し，改善状況を確認する．

☑ Point　FMEA の実施手順(4)
致命度に従って優先順位づけを行い，対策を検討する．

家庭用消火器の開発で行われたFMEAの実施例の一部を，表4.6に示す[44]．影響の厳しさは，設計，製造，品質，購買，営業・マーケティング部門から各1名が参加した5名のチームによるブレーンストーミングに基づいて評価されている．発生頻度は，類似の消火器の故障データもしくは発生原因からの推定で，検出可能性は，解析時点での管理項目に基づいて評価されている．各項目を10段階でランクづけして求めたRPNに対し，この例ではしきい値を200として対策がとられた．その処置内容と結果を記載して，RPNがしきい値未満となっていることを確認している．

表4.6　消火器のFMEAの例[44]

FMEAプロセス									処置結果				
No.	アイテムと機能	劣化・故障モード	影響	S	原因	O	D	RPN	処置内容	S	O	D	RPN
1	ホース：消火剤を移動供給	割れ	噴射せず	10	出荷途中の温度異常	5	6	300	ホース材質の変更	10	2	6	120
2		ピンホール	噴射圧の低下	8	製造中の損傷	8	4	256	保護カバーの利用	8	5	4	160
3		詰まり	噴射せず	10	異物の混入	6	3	180	—	—	—	—	—
4	タンク：消火剤の保存	塗膜の不均一	局部さびによる破損	10	塗料の不足	6	2	120	—	—	—	—	—
5					ノズル詰まり	9	4	360	ノズル形状の変更	10	3	4	120
⋮	⋮	⋮	⋮	⋮	⋮	⋮	⋮	⋮	⋮	⋮	⋮	⋮	⋮

4.6.3 FTA

FTAでは，論理記号を使って故障の因果関係をツリー形式（fault tree，故障の木）で表現する．これをFT図とよぶ．表4.7に，FT図に使われるおもな記号を示す．FTAは，故障のほか，事故や災害などの分析にも使われ，それらをまとめて「望ましくない事象」とよぶ．

簡単な例として，「PC作業中のデータ喪失」という望ましくない事象を考えよう．データ喪失はPCのシステム不良か電源断のどちらかにより起こるので，望ましくない事象を頂点として，その下側にORゲートを介してこれらの事象を配置する．さらに，システム不良の原因はOSのフリーズかHDDの書き込み不良のどちらか（OR）であり，電源断となるのはUPS（無停電電源装置）が故障中かつ停電が発

表 4.7　FT 図のおもな記号

記号	名称	説明	記号	名称	説明
（長方形）	事象	解析対象となる頂上事象や，展開過程での中間事象	（AND ゲート記号）	AND ゲート	入力がすべて生じる場合にのみ出力が生じる
（円）	基本事象	最下位の事象で発生確率や信頼度情報が入手できるもの	（OR ゲート記号）	OR ゲート	入力のうち少なくとも一つが生じれば出力が生じる
（ひし形）	非展開事象	情報不足等の理由でこれ以上は展開しない事象	（六角形）	制約ゲート	入力がすべて生じ，かつ条件を満たす場合に出力が生じる
（角丸長方形）	条件付事象	出力の事象の発生条件となる事象	（三角形）	移行記号	FT 図がほかの部分とこの記号間で結びつくことを表す

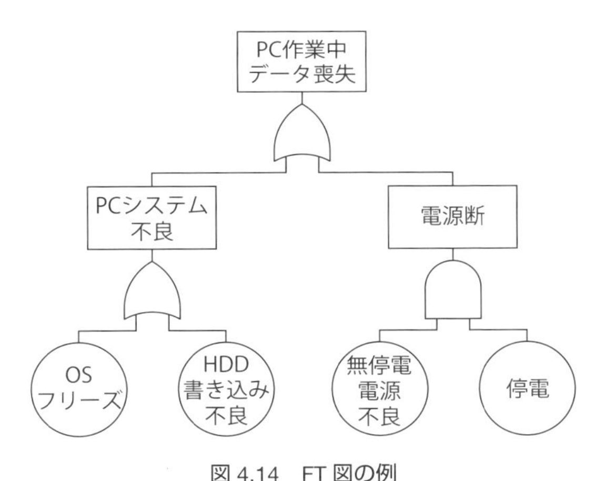

図 4.14　FT 図の例

生した場合（AND）である．これらをそれぞれの事象の下側へ，対応するゲートを介してさらに展開する．以上から，最終的な FT 図は図 4.14 のようになる．

(1) 頂上事象と基本事象

上記のように，FTA ではまず「望ましくない事象」を定め，その原因をたどって FT 図を展開していく．この最初に定める「望ましくない事象」は頂上事象とよばれる．頂上事象の設定は，解析対象範囲を定めることを意味する．一般に，対象システムにおいて望ましくない事象は多数存在するが，それらのすべてについて FTA を実施することは実際上できない．そこで，適切な頂上事象の選択が必要となる．頂上事象を設定する際の指針としては，明確に定義できること，なるべく下位の事象を包含すること，技術的に対処可能なものであることなどが挙げられる．

一方，頂上事象の発生要因を原因側にたどって行き着く先の，それ以上は展開できない事象が基本事象である[†1]．何を基本事象とするかに絶対的基準はないが，機器や部品の故障，プログラムの誤動作，ヒューマンエラーなど，頂上事象を引き起こす根本原因であり，かつ対策可能なものを選ぶ必要がある．なお，頂上事象と基本事象の間に現れる事象は中間事象とよばれる．

☑ Point　**頂上事象と基本事象**

頂上事象：解析の対象範囲として定める「望ましくない事象」

基本事象：頂上事象の根本原因となる事象

(2) ブール代数とFT図の簡素化

FT図はブール代数の論理式によって表現できる[†2]．たとえば，図4.15(a)のFT図を考える．各論理ゲートの出力事象に着目すると，

$$\text{AND ゲート：}\quad T = G_1 \cdot G_2 \tag{4.3}$$

$$\text{OR ゲート：}\quad G_1 = A + B_1,\quad G_2 = A + C \tag{4.4}$$

から，次式が得られる．

$$T = (A + B) \cdot (A + C) = A \cdot A + A \cdot B + A \cdot C + B \cdot C \tag{4.5}$$

上式に，べき等律（$X \cdot X = X$）と吸収律（$X + X \cdot Y = X$）を適用すると，

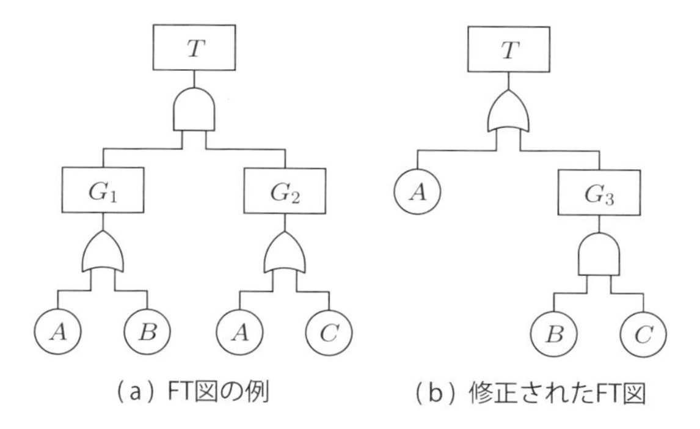

（a）FT図の例　（b）修正されたFT図

図4.15　FT図の簡素化

†1　基本事象ではなく，意図的に展開しない非展開事象が末端になることもある．

†2　ブール代数とは，簡単にいうと0か1の二値と，論理積（AND），論理和（OR），否定（NOT）の三つの基本演算からなる代数である．ここから，べき等律，吸収律などの基本法則が導かれる．

$$T = A + A \cdot B + A \cdot C + B \cdot C = A + B \cdot C \tag{4.6}$$

となり，図(b)のようにFT図を簡素化できる．両図を見比べると，図(a)では頂上事象がANDゲートの出力となっていて，一見信頼性が高そうに見えるが，図(b)ではこれがORゲートに変わっており，基本事象Aが生起するだけで頂上事象が生起することがわかる．この理由は，図(a)では基本事象Aがツリーの二つの枝に含まれているためである．このように，同一の要因が2種類以上の故障を引き起こす場合を共通原因故障とよぶ．たとえば，信頼性を向上させるために制御基板を2重化しても，電源が共通になっているために，電源故障で両方の制御基板が機能喪失に陥ってしまうといった場合がこれにあたる．FT図の簡素化は，このような問題点を明らかにできる．

☑ Point **FT図の簡素化**

FT図をブール代数で表現すると，簡素化に有効であり，問題点が把握しやすくなる．

(3) ミニマルカットセットとミニマルパスセット

頂上事象の発生を低減するには，基本事象のどのような組み合わせがそれに関係するかを知ることが重要である．この目的で，カットセットとパスセットの概念が導入されている．カットセットとは，基本事象の集合で，その中に含まれる基本事象のすべてが生起すると頂上事象が生起するものである．また，カットセットのうち，その中に含まれている基本事象の一つでも欠けるとカットセットでなくなる必要最小限の集合を，ミニマルカットセットという．図4.15(b)のFT図の場合，ミニマルカットセットは，{A}と{B, C}になる．

ミニマルカットセットは，FT図のブール代数表現からも求められる．頂上事象を基本事象のブール関数で表現したものを簡素化し，積和標準形（ブール積のブール和）にすると，式に含まれるブール積の項それぞれがミニマルカットセットに対応する．図4.15(b)の例では，式(4.6)の右辺第1項から{A}が，第2項から{B, C}が得られる．

ミニマルカットセットは，解析対象となっている頂上事象に関するシステムの弱点を示すものといえる．ミニマルカットセットの数が多いほど頂上事象が発生する基本事象の組み合わせ数が多く，各ミニマルカットセットの要素数が少ないほど頂上事象が発生しやすいことになる．ミニマルカットセットの列挙により，頂上事象を発生させる基本事象のすべての組み合わせを知ることができ，対策の検討が効率よく行える．

ミニマルカットセットとは逆に，そこに含まれるすべての事象が生起しないとき，頂上事象が生起しない基本事象の集合のことをパスセットという．パスセットのうち，必要最小限の基本事象しか含まないものをミニマルパスセットとよぶ．図4.15(b)の例では，{A, B} と {A, C} の2組になる．

☑ Point　**ミニマルカットセットとミニマルパスセット**
ミニマルカットセット：頂上事象が生起するのに必要最小限な基本事象の集合
ミニマルパスセット：すべて生起しないようにすれば頂上事象が生起しない基本事象の集合

(4) 頂上事象の発生確率の計算

FTAでは，確率事象の積と和の関係を用いて，基本事象の発生確率から頂上事象の発生確率を計算することができる．事象 A, B が AND ゲートあるいは OR ゲートの入力になっているとき，ゲートの出力事象の発生確率は，それぞれ以下の式で与えられる．

AND ゲートの出力：

$$\Pr(A \cap B) = \Pr(A|B) \cdot \Pr(\mathrm{B}) = \Pr(B|A) \cdot \Pr(A) \tag{4.7}$$

OR ゲートの出力：

$$\Pr(A \cup B) = \Pr(A) + \Pr(B) - \Pr(A \cap B) \tag{4.8}$$

ただし，$\Pr(A|B)$ は B が生起するという条件下での A の生起確率を表す．入力事象 A, B が互いに独立とすると，$\Pr(A|B) = \Pr(A)$, $\Pr(B|A) = \Pr(\mathrm{B})$ となり，上式はそれぞれ以下のように表せる．

$$\Pr(A \cap B) = \Pr(A) \cdot \Pr(B) \tag{4.9}$$

$$\Pr(A \cup B) = \Pr(A) + \Pr(B) - \Pr(A) \cdot \Pr(B) \tag{4.10}$$

$\Pr(A)$，$\Pr(B)$ が0.1以下の場合は，式(4.10)の右辺第3項は他項より1桁以上小さくなるので，

$$\Pr(A \cup B) \approx \Pr(A) + \Pr(B) \tag{4.11}$$

としても実用上問題ない．

以上のように，頂上事象の発生確率は，AND ゲートを積，OR ゲートを和として，FT図の末端から頂上に向かって入力事象の発生確率を順次計算していけば求めら

れることがわかる．ただし，各ゲートにおいて入力事象は互いに独立でなければならないことに注意が必要である．たとえば，図4.15(a)のFT図において，すべての基本事象の発生確率が0.01であるとして，単純に下から頂上事象に向かって計算を進めると，

$$\begin{aligned} \Pr(T) &= \{\Pr(A) + \Pr(B)\}\cdot\{\Pr(A) + \Pr(C)\} \\ &= (0.01 + 0.01) \times (0.01 + 0.01) = 0.0004 \end{aligned} \tag{4.12}$$

となる．しかし，図4.15(b)で計算すると，

$$\begin{aligned} \Pr(T) &= \Pr(A) + \Pr(B)\cdot\Pr(C) \\ &= 0.01 + 0.01 \times 0.01 = 0.0101 \end{aligned} \tag{4.13}$$

となり，結果が大きく異なる．これは，図4.15(a)では基本事象Aが2箇所に現れており，各ゲートへの入力事象が互いに独立という仮定に反しているためである．したがって，正しいのは式(4.13)である．式の各項を見ると明らかなように，式(4.13)は式(4.6)に対応している．このように，発生確率を正しく計算するためには，FT図をブール代数で表現し，簡素化しておく必要がある．

☑ Point　**頂上事象の発生確率**

基本事象の発生確率からFT図に従って計算することで求められる．
正しく計算するには，ブール代数により簡素化したFT図を用いる．

(5) 構造重要度[45]

FT図における各基本事象の発生確率がわかっていれば，それらの頂上事象への寄与度，すなわち重要度が定量的に求められる．しかし，全基本事象の発生確率がわかっているという状況は，とくに機械系のシステムではあまり期待できない．以下に述べる構造重要度は，FT図のみから計算できるという点で，適用が容易であり有効な方法である．

構造重要度の評価では，まず，基本事象の全生起パターンと，それぞれの頂上事象の生起状態を考える．たとえば，図4.16のFT図では四つの基本事象があるので，全生起パターンは表4.8に示すように$2^4 = 16$パターンある（表では1が生起あり，0が生起なしを意味する．また，わかりやすいよう中間事象も表記してある）．

ここで，一つの基本事象，たとえば基本事象Aに着目し，その生起状態だけが異なり，ほかの基本事象はすべて同じ生起状態であるパターンの組を考える．この組の数は，A以外の基本事象B，C，Dの全生起パターンの数と等しいから，$2^3 =$

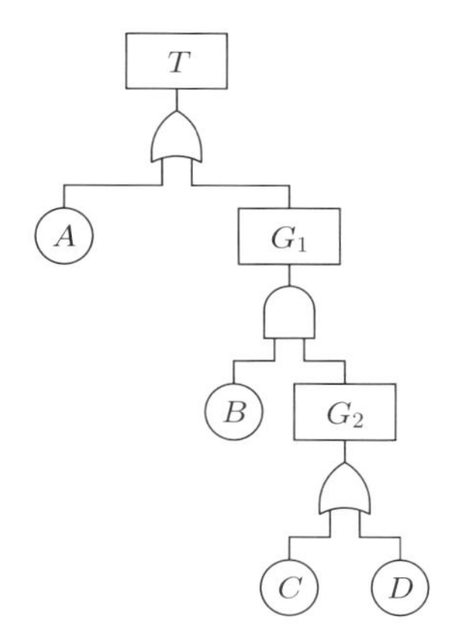

図4.16　構造重要度の計算のためのFT図

表4.8　事象の生起パターン

No.	A	B	C	D	G_2	G_1	T
①	0	0	0	0	0	0	0
②	0	0	0	1	1	0	0
③	0	0	1	0	1	0	0
④	0	0	1	1	1	0	0
⑤	0	1	0	0	0	0	0
⑥	0	1	0	1	1	1	1
⑦	0	1	1	0	1	1	1
⑧	0	1	1	1	1	1	1

No.	A	B	C	D	G_2	G_1	T
⑨	1	0	0	0	0	0	1
⑩	1	0	0	1	1	0	1
⑪	1	0	1	0	1	0	1
⑫	1	0	1	1	1	0	1
⑬	1	1	0	0	0	0	1
⑭	1	1	0	1	1	1	1
⑮	1	1	1	0	1	1	1
⑯	1	1	1	1	1	1	1

8組ある．表4.8では，①と⑨，②と⑩，…，⑧と⑯の8組である．

基本事象Aの構造重要度は，この8組のうち，頂上事象Tの状態が生起なしから生起ありへと変化している組が占める割合として計算する．この例では，①と⑨，②と⑩，③と⑪，④と⑫，⑤と⑬の5組において頂上事象Tが0から1に変化している．したがって，基本事象Aの構造重要度を$I_S(A)$とすると，

$$I_S(A) = \frac{1}{2^3} \times 5 = \frac{5}{8} \tag{4.14}$$

と計算される．その他の基本事象の構造重要度も，同様にして以下のように求められる．

$$I_S(B) = \frac{1}{2^3} \times 3 = \frac{3}{8}, \quad I_S(C) = \frac{1}{2^3} \times 1 = \frac{1}{8}, \quad I_S(D) = \frac{1}{2^3} \times 1 = \frac{1}{8} \tag{4.15}$$

以上の結果から，$I_S(A) > I_S(B) > I_S(C) = I_S(D)$ となり，基本事象 A が頂上事象に対して最も重要度が高く，その次が基本事象 B で，基本事象 C, D が最も重要度が低いことがわかる．この結果は図 4.16 の FT 図からも理解できるであろう．

☑ Point **構造重要度**
生起パターンの割合から，重要度の高い基本事象を見つける方法である．

5 基本メンテナンス計画

2.3 節でも述べたように，メンテナンスマネジメントの中心となるのが基本メンテナンス計画である．これは，メンテナンス対象となるアイテムを技術面および管理面から評価し，その評価に従って適切なメンテナンス方式を決定するものである．本章ではまず，メンテナンスの概念をその変遷や分類を通じて述べた後，メンテナンス方式の決定に関する技術面および管理面それぞれの評価方法を説明する．最後に，既存の代表的な基本メンテナンス計画手法である RCM および RBI/RBM について説明する．

5.1 メンテナンスの概念および技術の変遷

メンテナンスは，設備が実現する機能が要求を満足できるように，製品・設備の状態を維持，回復，改善する活動であるが，その基本的な考え方やそれを支える技術は，図 5.1 に示すように時代とともに変わってきている．信頼性工学が発達する 1950 年代以前は，メンテナンスは故障を修復する作業と考えられており，いわゆる事後保全が中心だった．その後，信頼性工学の発展に伴い，予防保全の概念が確立してきた．すなわち，図 3.11 に示したバスタブ曲線の考え方に基づいて，メンテナンス方式として時間基準保全（TBM：Time Based Maintenance）の考え方が取り入られるようになった．製品・設備の使用期間が長くなると，各部の劣化が進行し，故障の可能性が高くなるため，一定の期間使用した時点で，オーバーホールや部品交換などの処置を施し，故障を未然に防ごうという考え方である．

しかし，劣化の進行度合いは，個々の製品・設備の運転条件や使用環境などに依存してばらつくため，一定の時間間隔で処置をするのでは，早すぎたり遅すぎたりして効率的でない場合が多いことがわかってきた．また，時間基準保全の前提となっている，故障率がバスタブ曲線を描く機器は必ずしも多くないこともわかってきた[34]．さらに，定期的にオーバーホールを行うと，作業ミスなどが原因となってその直後に故障が増加する問題もあった．このような問題を解決するために，

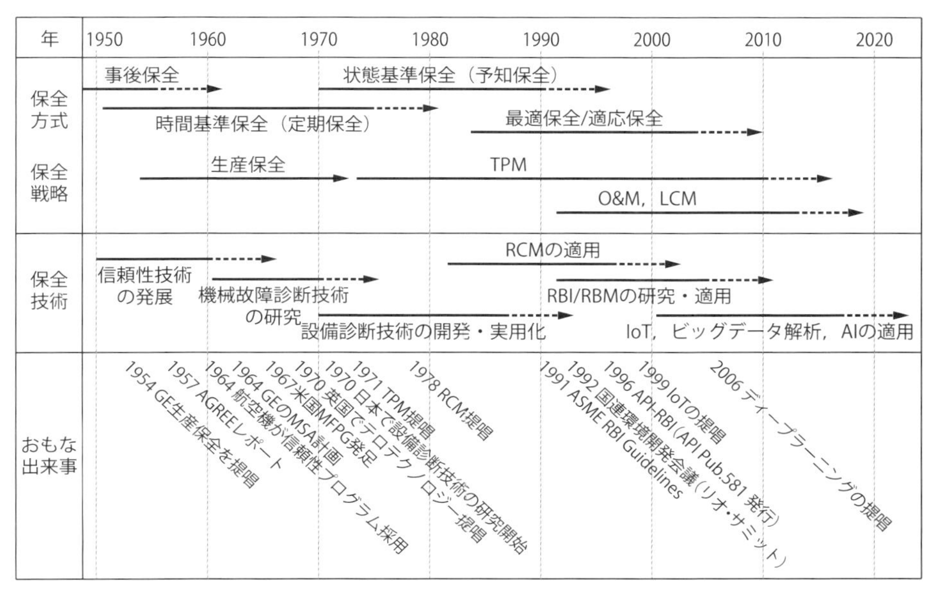

図 5.1 メンテナンス方式・技術の変遷

1970 年頃から状態基準保全（CBM：Condition Based Maintenance）の考え方が提唱されるようになってきた．これは，1960 年代のアポロ計画の中で開発された機械故障診断技術[46] が，設備状態の把握に応用され始めたことをきっかけとしている．このようにして生まれた設備診断技術は，その後，1980 年代にかけて盛んに開発が行われるようになり，新しいメンテナンス方式として状態基準保全の考え方が普及するようになった[47]．

当初は，以前より進んだ技術であるとして，メンテナンスはすべて状態基準保全にすべきといった風潮もあった．しかし，比較的寿命が安定しているアイテムや一定間隔で交換が必要な消耗品もあり，それらについてはいちいち状態診断をするより，適切な時期に交換してしまったほうが経済的な場合がある．また，必ずしもすべての故障に対して予防保全を適用しなければならないわけではなく，故障の影響が小さく事後保全でよいものもある．そのため，1980 年代後半になると，メンテナンスで達成したい製品・設備の機能維持のレベルとそのためにかけるコストなどの関係から，要素ごとに適切なメンテナンス方式を合理的に選択すべきであるという，最適保全の考え方が普及してきた．また，このような最適保全計画のための手法として，航空機のメンテナンスに適用されていた RCM（Reliability Centered

Maintenance）が注目されるようになった[34]．日本においても，同時期に独自の最適保全手法が提案された．製鉄所用に開発されたADAMS（Adaptive Maintenance System）はその代表例である[48]．

さらに，1990年代に入ると，アイテムがもつリスクに基づいてメンテナンス計画を行う，RBI（Risk Based Inspection）という手法が注目されるようになってきた．これは，故障による影響と発生頻度の積で決まるリスクのレベルを一定以下に抑えるように検査計画を立案するというものである．その後，RBIはリスク評価に基づくメンテナンスマネジメント手法としてRBM（Risk Based Maintenance）に発展している[49]．1990年代後半になると，一方では資源環境問題の面から，また，他方では競争激化による経済性の追求から，設備のライフサイクルを通じた効率的な製品・設備管理が重要視されるようになり，エンタープライズアセットマネジメント（EAM：Enterprise Asset Management）やライフサイクルマネジメントなどの考え方が注目されるようになってきた[50]．

現在では，IoT（Internet of Things）技術の発達とそれらによって取得されるビッグデータの解析技術やAI技術の発達により，製品・設備状態のモニタリングや診断が比較的容易にできるようになり，適時性の向上を目的とした状態基準保全の適用が加速しつつある．

☑ Point　**メンテナンス方式の変遷**

従来の事後保全から，現在は予防保全が中心となっている．

- 事後保全：発生した故障を修復するというメンテナンス方式
- 予防保全：故障を未然に防ごうというメンテナンス方式

予防保全は時間基準保全として始まり，現在は状態基準保全も普及している．

- 時間基準保全：規定の時間が経過した時点で処置する方式
- 状態基準保全：アイテムの状態を把握し，必要な時点で処置する方式

5.2　メンテナンス方式の分類

製品・設備の機能状態の維持管理のための基本的な方策をメンテナンス方式とよぶ．たとえば，JIS Z 8115：2019ディペンダビリティ（総合信頼性）用語においては，図5.2に示す分類がメンテナンスの管理上の分類として示されている[28]．ここで示されるように，メンテナンス方式は予防保全（PM：Preventive Maintenance）

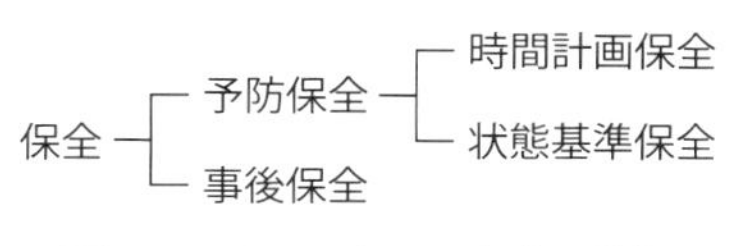

図 5.2 メンテナンス方式の分類

と事後保全（CM：Corrective Maintenance，または BM：Breakdown Maintenance）に大別され，予防保全はさらに時間計画保全[†1]と状態基準保全に分類される．

そのほかの分類として，改良保全（CM：Corrective Maintenance，この場合，事後保全は通常 BM と表す）や予知保全（Predictive Maintenance）が挙げられる．前者は，劣化・故障が生じにくいように，または修復しやすいように製品・設備の改良を行うことである．後者は，基本的には状態基準保全と同じ概念であり，両者に定まった区別はない．劣化・故障の兆候をより早い段階で検知し，計画的に対策を検討できるようにする場合や，振動診断のようにアイテムの状態の変化をセンサにより検知する場合を指す．本書では，状態基準保全における状態把握の方法は様々に選択可能と考え，以後は状態基準保全で統一し，予知保全という用語は用いない．なお，改良保全に類似した概念に保全予防（MP：Maintenance Prevention）がある．これは，製品・設備の計画・設計段階において，過去のメンテナンス実績などの情報を用いて劣化・故障を生じにくくする対策を織り込む活動のことを指す．また，そのような情報は MP 情報とよばれる．

予防保全に関しては，時間基準保全と状態基準保全の区別が混乱している場合がある．たとえば，定期的にアイテムの状態を点検[†2]し，問題が見つかった場合に処置を施すというのは，状態基準保全そのものである．しかし，点検を定期的に行うという点に着目して時間基準保全に分類している場合がある．これは，時間基準保全と状態基準保全は，何をトリガにして処置を行うかという「処置の基準」に基づく分類であるにもかかわらず，いつ作業を実施するかという「周期」の観点で分類してしまうために起こる混乱である．このような混乱を避けるために，メンテナンス方式を図 5.2 のように大別するだけでなく，以下の 3 項目に分けて考えるとよい．

(1) 処置の基準：どのような場合に処置を行うかの基準を規定する項目である．図 5.2 の分類と対応しており，以下の種類に分けられる．

●無条件：製品・設備の状態にかかわらず，周期項目で定める時点で処置

†1 JIS では時間計画保全とよぶが時間基準保全と同義である．

†2 状態把握の行為は，検査，診断など様々によばれるが，ここではそれらを総称して「点検」とよぶ．

を行う方式である．時間基準保全に対応する．

- 兆候検知，故障検知：周期項目で定める時点で，点検によりアイテムの状態を判断し，処置を施す方式である．

  兆候検知は，劣化の進行や故障の兆候の検知に基づいて判断する方式であり，状態基準保全に対応する．これはさらに，その時点でただちに処置する場合と，検知された兆候から劣化・故障の進展を予測し，その後の点検時期や処置時期を計画する場合に分けられる．前者を，本書では兆候事後保全とよぶ．また後者は，劣化傾向管理ともよばれる．

  故障検知は，故障状態になったことを検知した時点で処置する方式であり，事後保全に対応する．なお，故障の発生状況を統計的に監視し，故障率などの特性が変化した際にはその原因を調査して，メンテナンス方式の変更や製品・設備の改良を行う場合は信頼性管理方式とよばれ，航空機のメンテナンスなどに適用されている．

(2) 周期：処置の基準が状態によらない場合は処置を行う時点を，状態に基づく場合は状態把握を行う時点を規定する項目である．ただし，周期といっても一定間隔である必要はない．また，常時監視によりつねに状態を把握する場合もある．尺度としては，時計時間のほか，累積稼働時間や，回転数や走行距離などの累積稼動量が挙げられる．なお，処置または点検の方法によっては，製品・設備を分解しないと行えない場合，停止しないと行えない場合，あるいは運転中でも行える場合などがあり，周期の決定に制約が掛かる場合がある．

(3) 処置方法：上記2項目に従って行う，処置の内容を規定する項目である．目的によって，以下のような種類がある．

- 劣化の回復：劣化状態を初期状態または初期に近い状態に回復する目的での処置である．たとえば，調整，補修，交換などが挙げられる．
- 劣化要因の軽減：劣化を生じさせる要因を軽減する目的での処置である．たとえば，清掃，給油や運転条件の改善などが挙げられる．
- 劣化要因の除去：アイテムの改善，改良により劣化要因を取り除く目的での処置である．たとえば，材質の改善，構造の改善などが挙げられる．

基本メンテナンス計画とは，これら3項目の選択肢の組み合わせを決定することである．

☑ Point　**メンテナンス方式の分類と基本メンテナンス計画**
メンテナンス方式の分類は，「処置の基準」，「周期」，「処置方法」で考えられる．
基本メンテナンス計画とは，これらの 3 項目を決めることである．

5.3　メンテナンス方式の決定手順

基本メンテナンス計画においては，最下位階層アイテムに生じ得る劣化・故障モードそれぞれに対して，処置の基準，周期，処置方法からなるメンテナンス方式を決定する．メンテナンス方式の決定においては，図 5.3 に示すように，技術面での評価と管理面での評価が必要である．

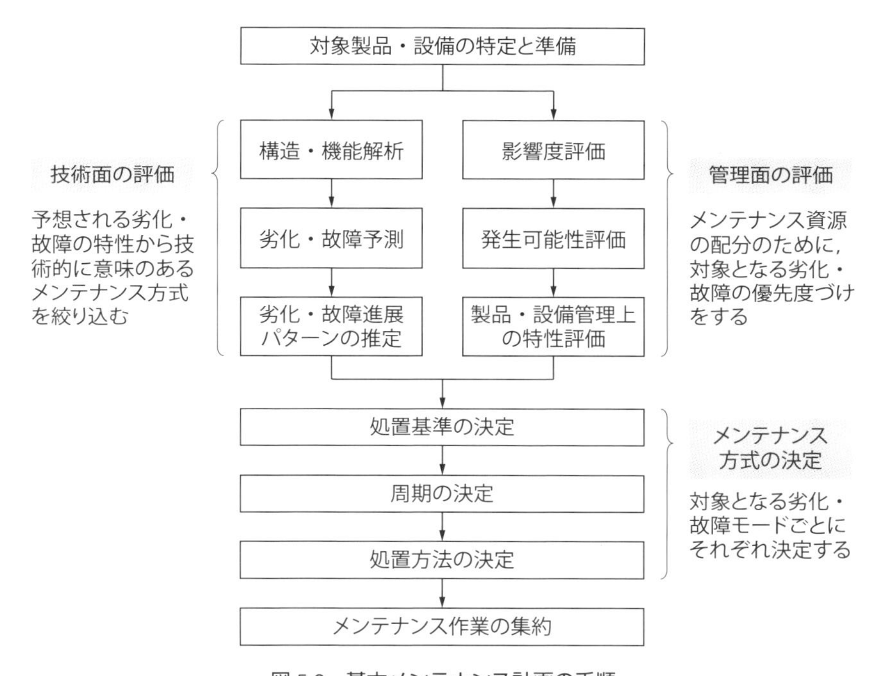

図 5.3　基本メンテナンス計画の手順

技術面での評価は，図 3.5 に示した劣化・故障の進展パターンによって示される劣化・故障の特性や，点検，処置などのメンテナンス技術の有効性などを考慮して，技術的に意味のある保全方式を選択する．

一方，管理面での評価は，劣化・故障の影響度，発生可能性，設備管理上の特性などから劣化・故障モードの優先度づけを行い．予算や人員などの資源を，メンテナンス活動全体として最も効果が上がるように配分するために行う．

以上の技術面での評価と管理面での評価とを統合して，個々の劣化・故障モードごとに処置基準，周期，処置方法の3項目からメンテナンス方式を決定する．ただし，劣化・故障モードごとに選択されたメンテナンス方式に基づいて実施するメンテナンス作業を計画する際には，メンテナンス対象部位や作業の類似性に基づき，周期を調整して，まとめて作業を実施することで効率化を図ることが必要である．図5.3では，これをメンテナンス作業の集約として示している．

5.4 技術面での評価

5.4.1 劣化・故障の進展パターンの特定

メンテナンスのおもな目的は，劣化・故障に対処することであるから，その方式の選択においては，対象とする劣化・故障の特性を考慮する必要がある．メンテナンス方式決定の観点から重要と考えられる特性は，図3.5に示した劣化・故障の進展パターンである．これは，劣化・故障の発生時期の予測性と進展速度によって特徴づけられる．前者は，劣化や故障の兆候が顕在化する時点 t_D や故障発生時点 t_F をどの程度の確度で予測できるかということを意味し，後者は，劣化や故障の兆候が顕在化した後，どの程度の速さでそれが進行するか（兆候期の長さ τ_D に対応）を意味する．それぞれの特性によって適用可能なメンテナンス方式が変わる．たとえば，劣化・故障発生時期が偶発的で予測困難な場合，時間基準保全は技術的に意味がない．また，劣化・故障が突発的に進行する場合は，兆候を検知できたとしても予防処置をする時間的余裕がないために，状態基準保全は適用できない．

☑ Point　メンテナンス方式と劣化・故障の進展パターン

進展パターンのばらつきが大きい場合：劣化・故障の発生時期が予測困難なため，時間基準保全が適用できない

進展パターンの兆候期が短い場合：劣化・故障の発生が突発的なため，状態基準保全が適用できない

劣化・故障の進展パターンは，基本的には劣化・故障のメカニズムによって決まるものだが，実際には，製品・設備の着目する階層において観測する量（点検項目）

とその観測手段（点検方法）にも依存する．上位階層で観測していると突発的に見える故障も，その原因となっている下位階層部位に着目すると漸進的な劣化の進行を観測できる場合がある．たとえば電子機器において，突発的な故障の原因がコンデンサの劣化であれば，その容量を測定することで漸進的な劣化進行が観測できる．そのため，技術面での評価においては，着目する階層と技術的に可能な観測量および観測手段を具体的に想定し，観測される劣化・故障の進展パターンを把握することが必要である．このためには，劣化・故障関係図を用いた整理が有効である．ここでは，物流センターなどで使用されるベルトコンベアを例に，その方法を説明する．

構成アイテムであるプーリの軸受と平ベルトの劣化・故障関係図を，図 5.4 に示す．劣化・故障関係図には，発生する可能性がある劣化モードと，それによって引き起こされる故障モードを記載し，因果関係を矢印で表す．また，劣化・故障モードに対応した状態量を把握するための点検項目と，その方法の候補を列挙する．

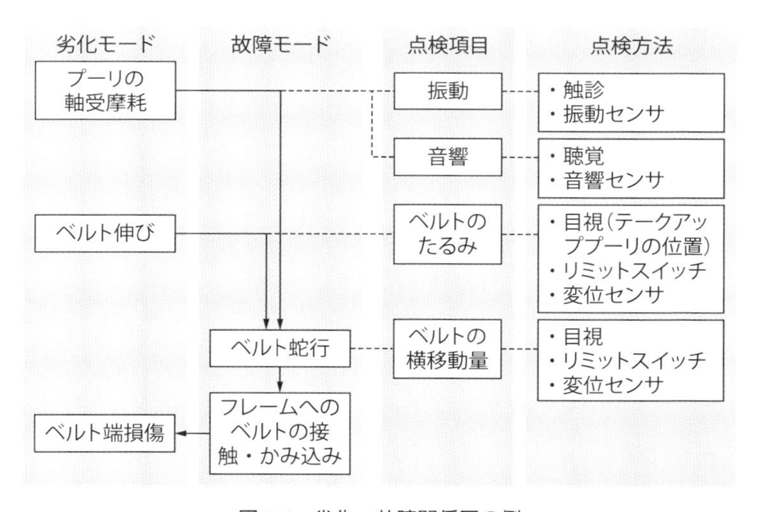

図 5.4 劣化・故障関係図の例

図では，プーリの軸受摩耗あるいはベルトの伸びによってベルトの蛇行が引き起こされ，フレームへの接触・かみ込みが発生し，ベルト端が損傷する関係が示されている．ベルト端が損傷すると，そのベルトは交換が必要である．しかし，ベルトの蛇行による横移動量を点検すれば，より早期に劣化進展を把握できる可能性があることがわかる．また，ベルトの蛇行を引き起こす軸受の摩耗やベルトの伸びを点検すれば，ベルトの横移動量の点検よりさらに早期に劣化の進展を把握できる可能性がある．点検方法に関しては，ベルトの移動量や伸びの点検には安価なリミットスイッチを用いることもできる．ただし，その場合はしきい値を超えているか否かの把握しかできず，状態量の推移は把握できない．

5.4.2 技術的に適用可能なメンテナンス方式の選択

劣化・故障の進展パターンが特定できれば，処置周期と点検周期を考慮することで，技術的に意味のあるメンテナンス方式を選択できる．図5.5に，そのフローチャートを示す．

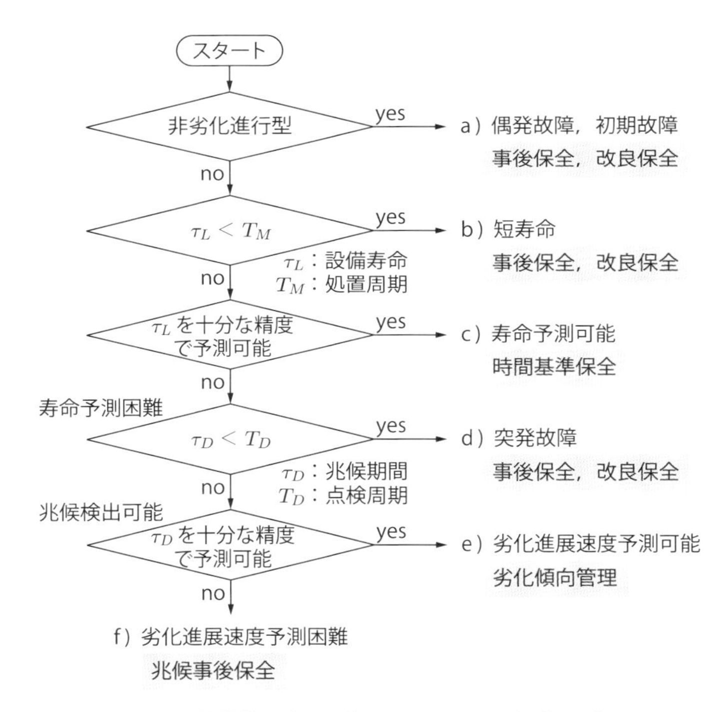

図5.5　技術的に適用可能なメンテナンス方式の選択

予防保全の対象となり得るのは，進展パターンが漸進的に変化する劣化進行型の劣化・故障であるから，最初にその判断を行う．劣化進行型でない初期故障や偶発故障に対しては，事後保全か製品・設備自身の改良を行う改良保全を適用する．

次に，予防保全のための処置周期として考えられる最短の値 T_M と，製品・設備寿命 τ_L を比較する．もし，τ_L が T_M より短いようであれば，予防保全が実施できる前に寿命が尽きてしまうので，やはり選択肢は事後保全か改良保全しかない．

製品・設備寿命 τ_L を十分な精度で予測できる場合は，時間基準保全が適用できる[†]．そうでない場合は，状態基準保全の適用を検討する．ただし，兆候期間 τ_D が最短の点検周期 T_D より短い場合は，故障する前に点検で兆候を見つけることができない可能性があるので，状態基準保全の適用はできない．その場合は，寿命予測精度が少々悪くても時間基準保全の適用を検討するか，事後保全，改良保全を適用することになる．

これに対して，兆候期間がある程度長く，その間に点検を行うことができるのであれば，状態基準保全を実施することが可能となる．この場合，兆候検知後，次回の点検時期までに故障に至らないことが十分な確度で予測できる場合は，劣化の進展状態を把握しながら処置の時期を決定できるので，劣化傾向管理が適用できる．そうでない場合は，兆候を検知したらただちに処置を施す兆候事後保全を適用することになる．なお，τ_L を十分な精度で予測できない図中 d, e, f の場合においても，ある程度無駄な予防保全処置があったとしても，状態基準保全よりも経済的な場合は時間基準保全を選択することはあり得る．また，改良保全はいずれの場合でも検討すべきであり，また，事後保全は故障検知手段さえあれば，技術的にはつねに適用可能である．

☑ Point　**技術面での評価**
特定した進展パターンに基づいて，技術的に適用可能なメンテナンス方式を決定する．

5.4.3 ライフサイクルにおける推定精度の改善

ここまで述べたような，劣化・故障モードの進展パターンが特定できるという前提は理想的な状況であり，実際にはそうとは限らない．とくに，製品・設備のライフサイクルの初期段階においては，劣化・故障モードまでは予測できても，進展パターンを定量的に予測することは困難な場合が多い．そのような状況においても，暫定的にメンテナンス方式の選択を行い，運用を続ける中で図 2.6 に示した三つの改善ループを繰り返すことで，定量的な予測の実現を目指すことが重要である．

ライフサイクルの初期段階では，劣化・故障モードやメカニズムに関する一般的

---

† ここで，十分な精度とは，予測誤差により余寿命が無駄になったり，予防保全時期が来る前に故障してしまったりした場合の，次節で述べる影響が状態基準保全の導入コスト相当以下になる程度という意味である．

知識を利用して，劣化・故障モードの進展パターンを推定する．たとえば，疲労破壊やクリープ損傷のような基礎的な劣化モードに関しては，材料データベースや劣化モデル式が存在する．モデル式のパラメータは，最初は安全サイドに設定しておき，運用の過程で調整することになる．

また，劣化・故障モードが特定できていれば，おおまかな寿命は経験的に判断できる場合が多い．それに基づいて，最初は安全サイドに見積もって点検周期を設定し，状態量の測定を繰り返すことで劣化・故障の進展パターンを求める．

すでに述べたように，センサやリレーなどの，それ以上構造展開できず状態量の把握が困難なアイテムに対しても，メーカから提供される情報が利用できる場合がある．また．交換したアイテムを分析することにより劣化の進行状態を特定すれば，劣化・故障進展パターンの推定につなげることができる．

☑ Point　進展パターンの推定精度の改善

ライフサイクルの初期段階では，進展パターンの推定は困難なことが多い．
安全側に余裕をとって，最初は一般的知識や経験的見積もりに基づいて決める．
運用しながらデータを蓄積し，推定精度を改善する．

5.5 管理面での評価

5.5.1 管理面での評価項目

技術面での評価によって，技術的に妥当性のあるメンテナンス方式を絞り込むことができるが，その中でどのメンテナンス方式を選択するかは，管理面での評価を考慮して決定する．管理面での評価では，限られた予算や人員を，メンテナンス活動全体として最も効果が上がるように配分するために，メンテナンス対象の優先度づけを行う．このために考慮する項目としては，劣化・故障の影響度と発生可能性，および製品・設備の管理特性が挙げられる．

劣化・故障の影響度の評価においては，影響を受ける対象を特定し，それらに対する影響の種類を漏れなく列挙する必要がある．このためには，評価の枠組みを適切に設定する必要があり，その詳細については次項で述べる．

劣化・故障の発生可能性の評価は，影響度に掛け合わせることで，損失の期待値，すなわち劣化・故障のリスクを見積もるために行う．このための方法は，劣化・故障の進展パターンに基づく方法，故障分布の推定に基づく確率統計的方法，および定性的方法に大別される．劣化・故障の進展パターンに基づく方法では，疲労，摩耗，腐食などのように劣化・故障モードごとに構築されている劣化進展パターンに基づいて，製品・設備の構造，運転条件，環境条件等を考慮して発生可能性を予測する．統計的なデータが利用可能な場合は，確率・統計学的なアプローチが適用できる．一定数以上の故障データが存在する場合は，3.5.5 項で述べたワイブル型累積ハザード法などにより，故障分布関数を推定し，発生確率を求めることができる．ただし，実際の製品・設備においては，劣化・故障の進展モデルも，統計的なデータも得られていない場合が多い．その場合は，4.6.2 項の FMEA で述べたような評点方式を用いた定性的評価方法を用いる．

製品・設備管理特性としては，代替品や予備品の有無，メンテナンス経験の有無や程度などの項目を考慮する．これらのうち前者は影響度，後者はおもに発生可能性に関係する項目で，それらの評価の中で考慮することが可能だが，考慮漏れがないように別途項目として挙げておくことが望ましい．前者については，停止時間や修復コストの増加などの，後者については，予防保全の不備による発生可能性の増加やスキル不足による修復時間の増加などに反映する．

☑ Point　**管理面での評価**
全体として最も効果的となるように，各メンテナンス方式の優先度づけを行う．

5.5.2 劣化・故障の影響度評価

基本メンテナンス計画における管理面の評価で重要となる劣化・故障の影響は様々なものが考えられるが，図 5.6 に示すように，影響を与える対象によって，以下の三つに大別できる．

(1) 製品・設備影響：劣化・故障に伴う製品・設備そのものに関する影響である．直接的には，おもに点検や，交換・補修・調整などの，予防保全や事後保全に関する処置の費用として計算されるほか，予備品の在庫や補充などの費用もこれに含まれる．これらの費用以外は，創出価値や外部に与える影響として，間接的に計算される．

(2) 創出価値影響：劣化・故障による製品・設備の能力低下や機能停止に伴い，運用によって創出される価値の減少量として算出される．生産設備であれば，生産量の低下などから算出できる．一方，ビルの昇降機のようなサービス設備の場合は，利用者の利便性の低下などを評価することになる．

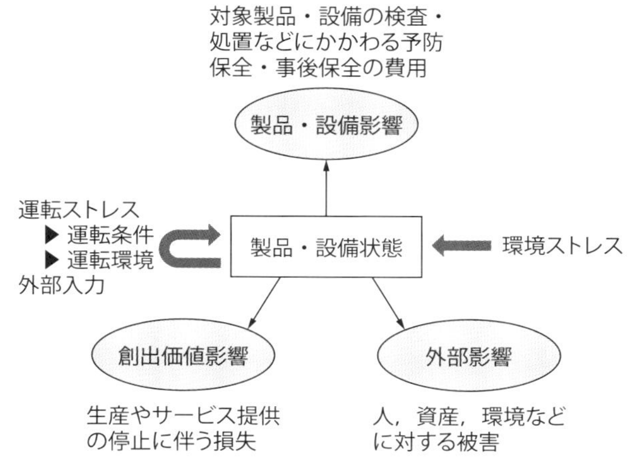

図5.6　影響カテゴリ

(3) 外部影響：製品・設備の劣化・故障が周囲に及ぼす被害を意味する．対象は，人と環境に大別できる．前者は，たとえばエスカレータが故障により急停止し，乗客が転倒して怪我をするなどの人的被害である．後者は，たとえば化学工場において弁の故障がきっかけとなり異常反応を引き起こして爆発事故に至り，周囲の設備や建物が破損したり，環境汚染が発生したりするなどの物的被害である．

これらの影響カテゴリは，さらに様々な種類に分けられる．ここでは，それらを影響項目とよぶ．たとえば，生産設備における創出価値影響の影響項目を考えてみる．故障による設備停止は生産量低下を引き起こすとともに，納期遅延を招く可能性がある．また，設備の劣化は製造品の品質低下を引き起こし，不良品の増加による歩留まり低下などをもたらす可能性がある．このように，多角的な見方で漏れなく影響項目を抽出する．ただし，影響を重複して評価しないように注意する必要がある．

☑ Point　**劣化・故障の影響度評価**

劣化・故障が及ぼす影響の大きさを，以下の3種類に大別して定量的に評価する．

- 製品・設備影響：劣化・故障が製品・設備そのものに与える影響
- 創出価値影響：製品・設備が生み出す価値の劣化・故障による減少量
- 外部影響：劣化・故障が周囲に及ぼす人的・物的被害

メンテナンス方式の選択において，劣化・故障の優先度づけをするには，影響項目ごとの評価値を並べるだけでなく，それらを統合した影響度を算出しなければならない．各影響項目の評価値が金額といった統一的な尺度で示されればよいが，すべての影響項目の評価値が金額で示されるとは限らない．たとえば，エスカレータの故障停止による創出価値への影響は，利便性の低下として，停止中の見込み利用者数や停止日数などで評価することが考えられる．

このような，様々に尺度が異なる評価値を統合する方法の一つとして，支払い意思額[51] の考え方の応用が挙げられる．これは．製品・設備の劣化・故障で失われる便益や発生する被害の補償額を，アンケート調査を基に求める方法である．影響項目の評価値を金額に換算して統一できるので，単純にそれらの総和を計算することで影響度が評価できる．

また，尺度換算をしなくても優先度づけが行える手法としては，階層分析法（AHP：Analytic Hierarchy Process）[52] がある．次項では，エスカレータの故障に対してAHP を適用した例を述べる．

5.5.3　AHP を用いた劣化・故障モードの影響度の算出例

エスカレータを例にとって，構成要素の劣化の影響度を AHP の絶対評価法に基づいて求めることを考える．AHP は，複数の選択肢に対して定量化しにくい複数の基準に基づいた評価を行うことができる意思決定法として，広く知られている手法である．問題を目標，評価基準，選択肢に階層的に分解する点と，複数の項目から二つずつ取り出して一対比較を繰り返すことで，項目間の重要度を決定していく点に特徴がある．人は，三つ以上の選択肢に順位を付けようとすると安定した回答をすることが難しいが，二者択一の場合は比較的安定した回答ができるからである．

(1)　影響項目の決定

まず，影響項目を階層的に分解し特定する．図 5.7 に示すように，製品・設備影響は修理費として作業工数と部品費用，創出影響は利便性低下として停止時間を考える．また外部影響は，ここでは故障に伴う転倒などの人的損害のみを対象として，その傷害度と賠償額を考える．考慮する劣化・故障モードと項目値の例を表 5.1 に示す．傷害度は，死亡，重傷，軽傷，微傷の 4 水準による定性的な評価とする．

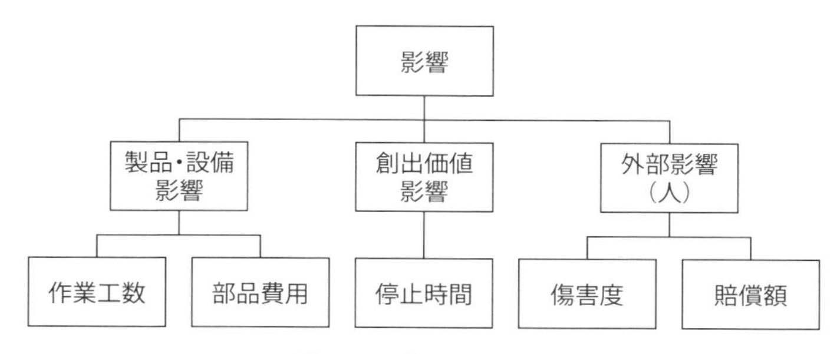

図 5.7　影響項目の展開

表 5.1　故障モードと項目値の例

アイテム	劣化・故障モード	製品・設備影響		創出価値影響	外部影響	
		作業工数 [人時]	部品費用 [千円]	停止時間 [分]	傷害度	賠償額 [千円]
ハンドレール	ハンドレールチェーン破断	0.67	100	160	重傷	600
	ハンドレール破断	4.20	1400	580	重傷	600
ステップ	ステップ端部の欠け	0.10	2	90	なし	0
	ステップチェーン破断	7.20	1780	780	軽傷	200
	ステップローラのき裂	0.20	5	120	軽傷	200
ブレーキ	ライニングの摩耗	0.20	40	240	重傷	600
駆動部	V ベルト破断	0.30	24	150	軽傷	200
	配線不良・断線	0.40	3	180	軽傷	200
駆動チェーン	ローラチェーンの摩耗	2.00	1296	660	軽傷	200

(2) 影響項目の重みの計算

次に，一対比較により各影響項目の重みを計算する．最下位階層の5項目をそれぞれ一対比較してもよいが，ここでは製品・設備，創出価値，外部の三つの影響カテゴリについて重みづけを行ったうえで，それをさらに下位階層の項目の重みへ分解する．三つの影響カテゴリから二つを取り上げ，表 5.2 に従って，1対1で比較

表 5.2　重要度

重要度	比較時の判断
1	同じくらい重要
3	少し重要
5	かなり重要
7	非常に重要
9	きわめて重要

したときの相対的な重要度を決める．たとえば，製品・設備影響が創出価値影響に比べて少し重要であり，外部影響が製品・設備影響に比べて非常に重要，かつ創出価値影響に比べてかなり重要である場合には，表 5.3 のようになる．

表 5.3　一対比較法による各影響の重み算出の例

影響項目	以下の項目と比較した重要度			幾何平均	重み
	製品・設備影響	創出価値影響	外部影響（人）		
製品・設備影響	1	3	1/7	0.754	0.170
創出価値影響	1/3	1	1/5	0.405	0.092
外部影響（人）	7	5	1	3.271	0.738
			合計	4.430	

同じカテゴリどうしの比較は，当然「同じくらい重要」となるから，対角セルにはすべて 1 が入る．比較対象のほうが重要である場合には，表 5.2 の重要度の逆数を入れる．したがって，製品・設備影響の重要度は，外部影響に比べて 1/7 となり，創出価値影響の重要度は，製品・設備影響に比べて 1/3，外部影響に比べて 1/5 となる．このように，対角セルを挟んで重要度は逆数の関係になっている．

こうして得られた重要度から，重みをどのように計算するかについては，様々な方法が提案されている．ここでは簡易計算法の一つである幾何平均による方法を用いる．たとえば，製品・設備影響の重要度の幾何平均は次のようになる．

$$\sqrt[3]{1 \times 3 \times \frac{1}{7}} = 0.754 \tag{5.1}$$

創出価値影響，外部影響についても同様に計算し，それら幾何平均の総和に対する比率をそれぞれの重みとする．たとえば，製品・設備影響の重みは $0.754/4.430 = 0.170$ である．

個人の主観を排するために複数人で評価を行う場合は，重要度の各セルに入れる値を，各人の評価結果の幾何平均で求める．たとえば，創出価値影響と比べた製品・設備影響の重要度を，5 名の評価者が $\{5, 3, 5, 7, 3\}$ と評価した場合は，表 5.3 で「3」となっている重要度の代わりに，

$$\sqrt[5]{5 \times 3 \times 5 \times 7 \times 3} = 4.360 \tag{5.2}$$

を入れればよい．このとき対となるセルの値は 1/4.360 となるが，これは，1/5, 1/3, 1/5, 1/7, 1/3 の幾何平均となっている．

下位階層の重みは，同様に各階層での重みを計算して，上位階層の重みに乗じることで求められる．たとえば，作業工数と部品費用が同じくらい重要であれば，そ

の階層での重みはどちらも 0.5 となるから，製品・設備影響の重み 0.170 に乗じて．最終的な重みはそれぞれ $0.170 \times 0.5 = 0.085$ となる．

(3) 評価値の規格化

劣化・故障モード i の影響度 E_i は，上記で求めた影響項目 j の重みを α_j として次式で求められる．

$$E_i = \sum_j \alpha_j e_{ij} \tag{5.3}$$

ここで，e_{ij} は劣化・故障モード i の影響項目 j についての評価値である．ただし，これには各項目の値をそのまま用いてはならない．すでに述べたように，尺度が統一されているとは限らないからである．そのために，何らかの基準値を定め，それを用いて規格化した値を用いる．基準値としては，各影響項目の最大値，平均値，中央値などが考えられる．最大値を用いた場合は，最大評価値が 1 となりわかりやすい．ただし，飛び抜けて大きい外れ値が存在すると，その影響項目が過小評価されることになるので，そのような場合は平均値や中央値を用いるのがよい．

定量的な評価が難しい影響項目の評価値も，一対比較を用いて求めることができる．傷害度の評価値算出の例を，表 5.4 に示す．ここでは，基準値として最大値をとる場合を示しており，最も重大な「死亡」の評価値が 1 となっている．

表 5.4　一対比較法による傷害度の評価値算出の例

水準	以下の水準と比較した重要度				幾何平均	評価値
	死亡	重症	軽傷	微傷		
死亡	1	7	9	9	4.880	1.000
重傷	1/7	1	5	7	1.495	0.306
軽傷	1/9	1/5	1	7	0.628	0.129
微傷	1/9	1/7	1/7	1	0.218	0.045

(4) 影響度の算出

最後に，式(5.3)に従って影響度を算出する．各影響項目の重みの例を図 5.8 に，影響度の計算例を表 5.5 に示す．この例では，複数人による評価で算出した重みの値を用いている．評価値算出の基準値には，賠償額以外は最大値を，賠償額については平均値を用いた．劣化モードは影響度の大きい順に並べ替えている．

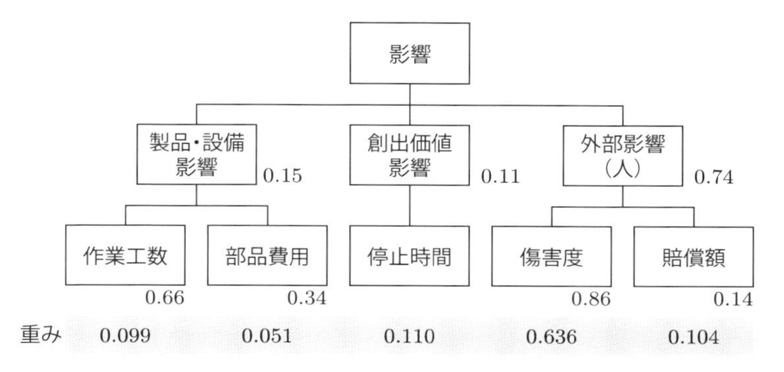

図 5.8 各影響項目の重みの例

表 5.5 影響度の計算例

順位	劣化モード	各影響項目の最大値で規格化した評価値					影響度
		作業工数 0.099	部品費用 0.051	停止時間 0.110	傷害度 0.636	賠償額 0.104	
1	ハンドレール破断	0.583	0.787	0.744	0.306	0.167	0.392
2	ステップチェーン破断	1.000	1.000	1.000	0.129	0.056	0.348
3	ライニングの摩耗	0.028	0.022	0.308	0.306	0.167	0.250
4	ハンドレールチェーン破断	0.093	0.056	0.205	0.306	0.167	0.247
5	ローラチェーンの摩耗	0.278	0.728	0.846	0.129	0.056	0.245
6	配線不良・断線	0.056	0.002	0.231	0.129	0.056	0.119
7	V ベルト破断	0.042	0.013	0.192	0.129	0.056	0.114
8	ステップローラのき裂	0.028	0.003	0.154	0.129	0.056	0.107
9	ステップ端部の欠け	0.014	0.001	0.115	0.000	0.000	0.014

5.6 メンテナンス方式の決定

以上の技術面での評価と管理面での評価に基づいて，個々の劣化・故障モードごとに処置基準，周期，処置方法の 3 項目からメンテナンス方式を決定する．具体的には，まず各アイテムで生じる可能性のある劣化・故障モードを予測し，技術面での評価によって適用可能なメンテナンス方式を抽出する．さらに，管理的面での評価によって影響度，発生可能性，管理特性から．劣化・故障モードごとのリスクを求める．そのうえで，理想的には，製品・設備ライフサイクルを通じた評価値（たとえば累積リスク）が最良になるように，個々の劣化・故障モードのメンテナンス方式を決定する．ただし，これには膨大な組み合わせの中から最適解を求める問題を解く必要がある．第7章で，ライフサイクルメンテナンスマネジメントにおけるこのような問題の定式化と解法の例を示しているが，メンテナンス方式の決定に対する適用は，現状では一般的になっていない．

そのため多くの場合，処置の基準の選択にはロジックツリーが用いられる．図5.9に例を示す．リスクの大きい劣化・故障モードに対しては，より多くの資源を投入することになっても，状態基準保全などのリスク低減効果の高いメンテナンス方式を選択する．そうでないものについては，事後保全などを選択するようにする．なお，改良保全は処置基準での選択肢ではないが，時間基準保全も状態基準保全も適用不可の場合に選択すべきメンテナンス方式として示している．

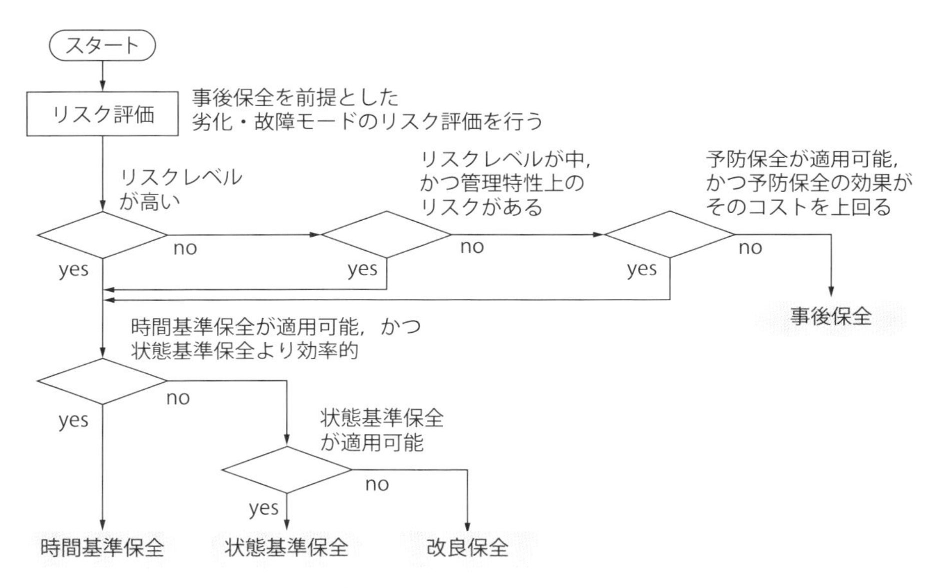

図5.9　処置基準選択のロジックツリーの例

周期は，劣化・故障の進展パターンに基づいて設定する．時間基準保全の場合は，処置が早すぎて寿命を無駄にする損失と，遅すぎて事後保全になってしまう損失の和が最小になるように処置時期を設定する．状態基準保全の場合は，兆候期間中に点検が実施されるように点検時期を設定する．ただし，いずれにしても製品・設備ライフサイクルの初期段階では，5.4.3項で述べたように進展パターンの推定精度は低くなるため，そのことを考慮して安全サイドに設定する必要がある．

処置方法は，対象アイテムに応じて決定する．改良保全が選択された場合は，必然的にアイテムの改善・改良を処置方法として選択することになる．

なお，メンテナンス方式は原則として劣化・故障モードごとに決定するため，周期や処置方法はそれぞれ異なる．ただし，それだとメンテナンス作業が非効率的になってしまう場合があるので，メンテナンス対象部位や作業の類似性に基づいて調整を行い，まとめて作業を実施できるように計画を修正する必要がある．

☑ Point　**メンテナンス方式の決定**
技術面および管理面の評価に基づき，原則として劣化・故障モードごとに決定する．
全体としてメンテナンス作業が効率的になるように計画を調整する．

5.7　影響特性とメンテナンスマネジメントの視点[53, 54]

前述のように，メンテナンス方式を選択するうえでは様々な影響を考慮する必要があるが，各影響項目の特性は，製品・設備の特性やその運用の仕方によって変わる．

たとえば，製品・設備影響で大きな割合を占める処置費用と劣化進展度合いの関係は，図 5.10 に示すように 3 タイプに分類できる．ステップ型とは，劣化・故障に対する処置として交換が行われる場合で，劣化進展度合いにかかわらず基本的に同一の費用がかかる．比例型は，トナーのような消耗品を補充するような場合で，費用は基本的に劣化進展度合いと比例関係にある．一方，劣化の進展を放置しておくと，それを修復するための処置費用が指数関数的に増加する場合がある．この例としては，コンクリート構造物などがある．

また，検査や処置を行うために設備を停止または起動するだけで，大きな費用が発生する場合がある．図 5.10 では，これをオーバヘッド費用として示している．

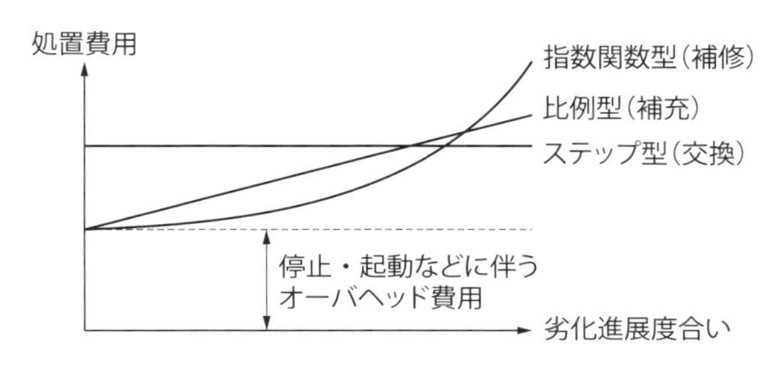

図 5.10　処置費用と劣化進展度合いの関係

たとえば，加熱炉内部のメンテナンスは，停止・起動に長時間を要するためオーバヘッド費用が大きい．一方，自動車や家電などの組立ラインは，停止・起動のオーバヘッド費用は小さく，不具合発生時はただちにラインを止めて処置することができる．

メンテナンスの対象は，生産設備，情報・通信機器，輸送機器，鉄道・道路・橋梁などのインフラ施設，ビル設備など多岐にわたっている．これまで，メンテナンスマネジメントの議論はこれらの分野ごとに行われる傾向にあり，互いのデータや知識の共有が進まないという問題があった．この原因の一つとして，上記のような影響項目の特性に起因する，分野ごとで重視するメンテナンスマネジメントの視点の違いがあると思われる．本来なら，その違いを明らかにし，それがメンテナンスマネジメントの方針にどのようにかかわっているのかを体系的に理解することで，逆に共通課題を認識できるようにし，分野を横断したメンテナンスマネジメントの建設的な議論を可能にすべきと考えられるが，現実的には，自分たちが扱っている製品・設備はほかとは違うとして，それ以上の議論をしようとしなくなる傾向がある．

このような状況を打破するためには，影響項目の特性とメンテナンスマネジメントの視点の関係を整理することが有用である．そこで，以下では，影響項目の特性に応じて考えられるメンテナンスマネジメントにおける代表的な視点を挙げ，それらの特徴と，どのような製品・設備に適用されているのかを見てみることにする．

(1) 運転とメンテナンス（O&M）の視点

生産設備のように創出価値影響の重要性が高い場合，メンテナンスに時間がかかったり，メンテナンスのための製品・設備の停止・起動などのオーバヘッドが大きかったりするときは，運転とメンテナンスの間のトレードオフ関係を考慮することが重要となる．この種の問題は，運転とメンテナンス（O&M：Operation and Maintenance）の統合計画問題として議論されている[55]．

図5.11に示すように，運転とメンテナンスの間には，スケジュール上の関係と設備状態上の関係が存在する．たとえば，生産要求を満たすために，メンテナンスの時間を十分取らないで設備を運転し続けていると，一時的には生産量は増加するかもしれないが，メンテナンスが不十分なために設備状態の劣化が進む．この結果，製造品質が悪化し，歩留まりが低下し，ついには設備故障による生産停止が発生し，生産要求を満たせなくなるといったことが起こり得る．一方，メンテナンスに時間

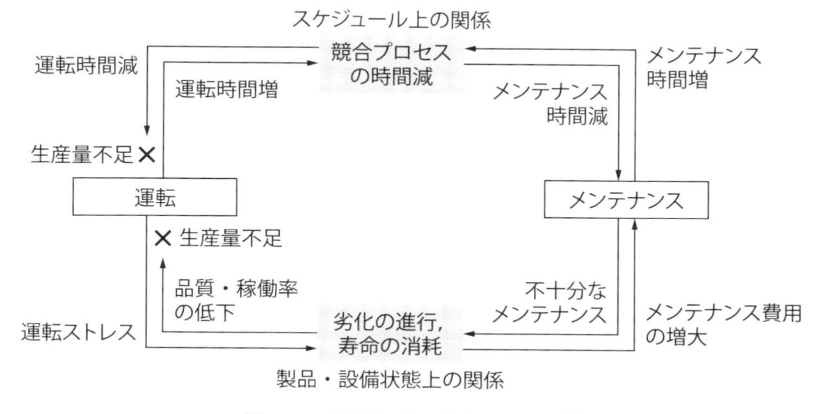

図 5.11 運転とメンテナンスの関係

を使いすぎると，設備状態は良好に保つことができるが，運転時間が削られ，要求生産量や納期を満足できなくなる可能性がある．

したがって，メンテナンスと生産の両方を考慮して，製品・設備影響（メンテナンス費用）と創出価値影響（生産損失）の和が最小になるようなメンテナンス方針を決定する必要がある．このようなメンテナンスマネジメントの視点は，連続運転時間の増加に伴う生産効率や品質の低下が顕著な一方，設備の停止・起動のためのオーバヘッドが大きな，たとえば石油精製プラントや半導体製造設備などでとくに重要になる．

(2) ライフサイクルコストの視点

おもな影響カテゴリが製品・設備影響で，処置費用が劣化の程度によって指数関数的に増加する場合は，劣化を放置しておくと，修復に多大な費用がかかるようになる．ただし，あまり頻繁にメンテナンスを行うと，オーバヘッド費用がかさむ可能性がある．高速道路などの土木構造物などはこのような例に該当する．この種の製品・設備においては，長期的な視点からライフサイクルコストを最小化するためのメンテナンスマネジメントを考える必要がある．

図 5.12 は，年度予算のかけ方によってライフサイクルコストが大きく変わることを示した，土木構造物を対象にしたシミュレーション結果の例である[56]．図(a)の累増型の場合は，初期段階で予算不足により過去に積み残された事後保全型の補修を済ませることができず，その後も効率の悪い事後保全型の管理となってしまい，年度ごとの費用が累積的に増加している．これに対して，図(b)の定常型の場合は，

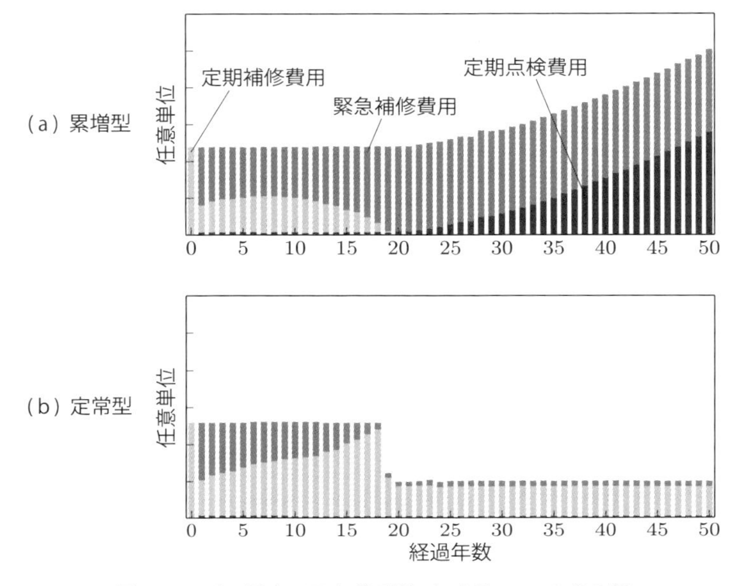

図 5.12　メンテナンス方式の違いによる LCC の差の例

初期段階で過去に積み残された事後保全型の補修を済ませることで，その後は予防保全型の管理が実現でき，年度ごとの費用を安定化できている．ライフサイクルコストを抑えるために，適切な時期に適切な処置を行うメンテナンスマネジメントが重要なことがわかる．

(3) リスクマネジメントの視点

とくに，高温高圧物を扱う化学プラントのように，劣化・損傷が爆発や火災などの甚大な外部影響をもたらす可能性がある場合は，リスクマネジメントの視点が重要になる．このような対象のメンテナンスマネジメント手法は，後述するリスクベースメンテナンス（RBM）として理論化されている[49]．リスクは，影響度の期待値であり，事象が発生した場合の影響度とその発生確率との積により求められる．RBM では，リスクによって劣化故障モードを優先度づけし，受容できないリスクを許容値以下に抑えるための対策を講じる．

リスク低減策には，発生確率を低減するか，影響度を低減するかの 2 通りが考えられる．前者の方策としては，a) 点検・監視の強化，b) 運転負荷の軽減，c) 交換・修復等の処置頻度の増加，d) 製品・設備の改良などが，後者の方策としては，a) 安全停止装置や防護装置の設置，b) 事故対応訓練の実施などが考えられる．

(4) 継続的な改善による再発防止の視点

自動車製造のような加工組立系の工場では，多種多様な設備が存在しており，それらに発生する劣化故障の種類も発生時期も多様である．大量生産工場においては生産停止の影響が大きいために，おもな影響は創出価値影響になるが，一時的な設備停止は比較的容易に行うことができ，メンテナンス実施のオーバヘッド費用は小さいという特徴がある．このような工場においては，発生する劣化故障の根本原因分析を徹底し，発生要因を取り除く改善を継続的に行うことで再発防止を図り，設備効率の向上とメンテナンス費用の低減を目指す，改善型のメンテナンスマネジメント方針がとられる．

第 8 章で述べる TPM（Total Productive Maintenance）は，このような改善型のメンテナンスマネジメントを指向した活動の代表例である．TPM では様々な手法が提唱されているが，図 5.13 に示す改善活動と維持活動を組み合わせた 8 の字展開法は，改善型のメンテナンスマネジメントの概念をよく示している[57]．

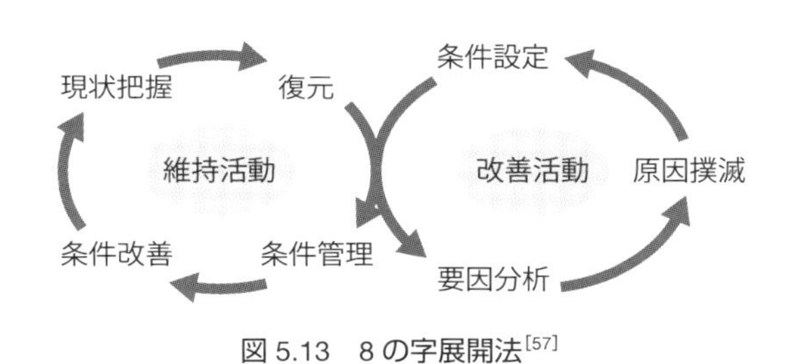

図 5.13 8 の字展開法[57]

(5) まとめ

表 5.6 に，以上述べた 4 種のメンテナンスマネジメントの視点を，主要影響カテゴリ，処置費用の特性，および対象製品・設備の例とともにまとめておく．

なお，各製品・設備は様々な構成要素からなっているため，個々に見ていくと影

表 5.6 おもなメンテナンスマネジメントの視点のまとめ

メンテナンス管理の視点	主要影響カテゴリ	処置費用の特性		対象製品・設備の例
		増加の様子	処置オーバヘッド	
O&M	創出価値影響	ステップ型	大	半導体製造設備
LCC	設備影響	指数関数型	中	コンクリート構造物
RBM	外部影響	指数関数型	大	化学プラント
改善	創出価値影響	ステップ型	小	自動車製造設備

響項目の特性も異なる．そのため，分野ごとに一律にメンテナンスマネジメントの方針が決まるわけではなく，個々の構成要素の特性に合わせて方針を選ぶ必要がある．このような観点からも，分野の違いに捉われない，メンテナンスマネジメント方針の決定において考慮すべき視点の整理と，分野を横断した知見の共有が重要と考えられる．

5.8 代表的な基本メンテナンス計画手法（RCM，RBI/RBM）

5.1 節で述べたように，1980 年代後半になると，アイテムの劣化・故障モードごとに適切なメンテナンス方式を選択すべきであるという最適保全の考え方が普及し，メンテナンス計画手法が注目を集めるようになった．そのようなメンテナンス計画手法を整理し，一般的な枠組みとして示したのが，図 5.3 に示した技術的要因と管理的要因の評価に基づいたメンテナンス方式の選択の考え方である．

一方，これまで提案されてきた既存のメンテナンス計画手法として最もよく知られているのが RCM（Reliability Centered Maintenance）と RBM（Risk Based Maintenance）である．RCM は航空機のメンテナンス計画手法として開発されたものだが，その汎用性から原子力分野や産業界でも広く参照されている．RCM は，メンテナンス方式の選択のための一般的な手順を定め，重要なアイテムの劣化・故障モードに対して網羅的に適用する点が特徴となっており，定性的な判断も許容するなど柔軟な枠組みになっていて汎用性が高い手法である．

一方，RBM は，原子力分野における確率論的安全評価手法を基に開発された点検計画手法である RBI（Risk Based Inspection）の概念を拡張したものである．アイテムの劣化・故障モードがもつリスクが一定の範囲に収まるようにメンテナンス計画を立案するという考え方に基づいており，理論的で定量的なメンテナンス計画手法といえる．ただし，そのぶん必要なデータの入手可能性などの面で適用可能な範囲が限定されるという課題がある．

以下では，図 5.3 のメンテナンス計画手法の枠組みと対応させながら，RCM と RBM の概要を説明する．

5.8.1 RCM

(1) 航空機のメンテナンス計画手法の発展の歴史[58, 59]

RCM は，航空機のメンテナンス計画手法として米国で開発された．航空機のメンテナンスは，1950 年代までは定期的な分解・検査（オーバーホール）が行われていた．航空機の分野では，このような時間基準保全をハードタイム（HT：Hard Time）方式とよんでいる．しかし，アイテムの寿命は必ずしも一定ではなく，またオーバーホールがかえって作業ミスなどによる不具合を発生させる場合が多いことから，HT 方式は必ずしも有効な方法ではないことがわかってきた．そのため，検査や試験の結果に基づいて処置をする状態基準保全の考え方が取り入られるようになった．航空機の分野では，これをオンコンディション（OC：On-Condition）方式とよんでいる．

航空機のメンテナンス方式を体系化し大きく発展させたのは，1960 年代末の大型機 B-747 の登場である．この整備方式を決めるために，航空機メーカ，航空会社，および米国 FAA（Federal Aviation Administration）が共同して ATA（Air Transport Association，現在の A4A：Airlines For America）内に MSG（Maintenance Steering Group）を設置し，検討結果を 1968 年に MSG-1 として発行した．

この中では，保全方式として，前述の HT と OC のほか，第 3 の手法としてコンディションモニタリング（CM：Condition Monitoring）方式とよばれる手法が導入された．OC が摩耗などの劣化や故障兆候の検知による予防保全を目指すのに対し，CM は事後保全である．メンテナンスデータから得られる故障率，MTBF などの信頼性指標を監視し，変化が見られた場合に対策をとる方式で，信頼性管理方式ともよばれている．なお，OC と CM は，どちらにも“Condition”の語が使われているため紛らわしく，定義を取り違える場合もあるため，最近は“Condition Monitoring”は“On-Condition”と同じように状態基準保全の意味で使い，当初の意味では信頼性管理方式の呼称を使うことが多い．

MSG-1 の発行後，1970 年には，B-747 と同様のワイドボディ機である DC-10 や L-1011 に適用できるように，汎用性のあるロジックに改訂された MSG-2 が発行された．

MSG-1, 2 は，機材の信頼性を向上させただけでなく，整備費用も大幅に低減するなど大きな成果を上げたが，さらに B-767, A-310 などの新世代の航空機の出現，メンテナンスプログラムに影響を与える新しい規則の発行（構造設計に関する損傷許容規則や経年機に対する補足構造検査など）などの理由で，1980 年に MSG-3 が発行された．RCM は，この直前の 1978 年にユナイテッド航空が米国防省との契約で行った研究成果として発表されたものである[34]．初版の RCM は MSG-2

を改良したもので，MSG-3の基礎となった．なお，その後MSG-3は最新の技術進歩に対応するための改訂が重ねられ，本書執筆の時点では2022年版が最新となっている．

(2) RCMの発展と国際規格

以上のように，RCMは航空機のメンテナンス計画手法として開発・発展してきたが，1980年代後半以降，最適保全計画の概念が広まる中で合理的なメンテナンス計画手法として広い分野に適用されるようになってきた[60]．

この状況を受けて，MSG-3を基礎にしたRCMに関する国際規格，IEC 60300, Dependability management-Part 3-11：Application guide-Reliability centred maintenanceが1999年に制定された[61]．その後，RCMの様々な分野への普及を考慮し，より一般化された内容の改訂第2版が2009年に発行されている[62]．

なお，航空機のメンテナンス方式の設定の考え方は，油圧，燃料供給，客室空調などのシステムと，機体，翼，着陸装置などの構造体で異なる．RCMでも両者は区別されており，IEC規格では，本文ではシステムに対するメンテナンス方式の設定法を示し，構造体についてはAnnexに記述している．以下では，システムに対するメンテナンス方式の選択手法として，RCMの基本的な概念を捉えやすいIEC規格第1版をまず紹介し，その後に，第2版における改訂の概要を説明する．

IEC規格第1版（1999）のRCMの概要[61, 63]

5.1節で説明した，技術的評価と管理的評価に基づく基本メンテナンス計画手法では，対象の構造と機能の分析に基づき生起可能性のある劣化・故障を特定し，その特性から技術的に適用可能なメンテナンス方式を絞り込んだ後，劣化・故障の影響度と発生可能性に基づく優先度づけを行い，メンテナンス方式を決定するという手順を説明した．このような技術的要因と管理的要因に基づくメンテナンス方式決定の考え方はRCMにも共通している．RCMでは，まず対象製品・設備における機能的に重要なアイテム（FSI：Functionally Significant Items）を特定し，次に，第1段階のロジックツリーによりFSIに生じる機能故障の影響を分類し，さらに影響度カテゴリごとに設定した第2段階のロジックツリーで適切な予防保全作業を決定する．前述の基本メンテナンス計画手法と対応させると第1段階のロジックツリーが管理的評価に，第2段階のロジックツリーが技術的評価に対応する．

図5.14にRCMにおけるメンテナンス計画の立案手順を示す．最初に，対象製

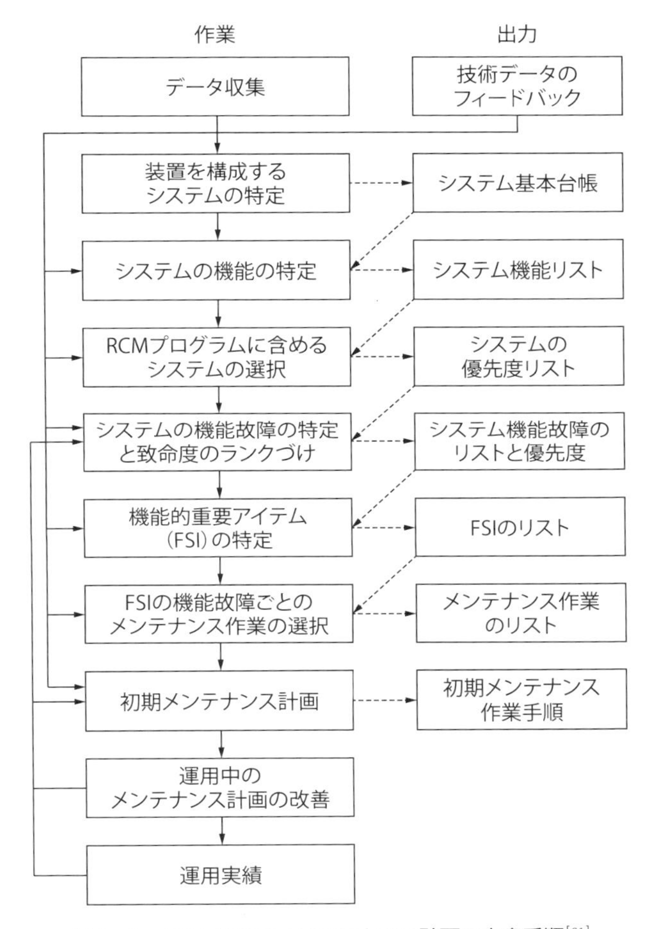

図 5.14 RCM におけるメンテナンス計画の立案手順[61]

品・設備を，それを構成するシステムに区切り，それらの機能の分析と重要度に基づき RCM に含めるシステムを抽出する．次に，それらに生じる機能故障を特定し，致命度のランクづけを行ったうえで，以下のいずれかの条件を満たす FSI を特定する．

- 安全に影響する故障がある
- 通常の運転状態では故障を検知できない
- 運転に対する顕著な故障の影響がある
- 経済性に対する顕著な故障の影響がある

特定した FSI に対して，次に述べるロジックツリー解析を行うために，a）機能，

b）機能故障，c）故障原因，d）故障影響を，FMEA などを用いて明らかにする．このようにして特定した FSI の機能故障ごとに，ロジックツリー解析により予防保全作業を選択する．

最初に，図 5.15 に示す第 1 段階のロジックツリーを用いて影響を分類する．まず，故障が通常任務中に運転員に認識できるかどうかで，顕在故障と隠れた故障に分類する．隠れた故障とは，旅客機の酸素システムの故障のような，通常運転中には認識できない非常用のシステムなどの故障を意味する．その後，安全性，運用性，経済性への影響を検討し，顕在故障については三つの影響カテゴリに，隠れた故障については二つの影響カテゴリに分類する．

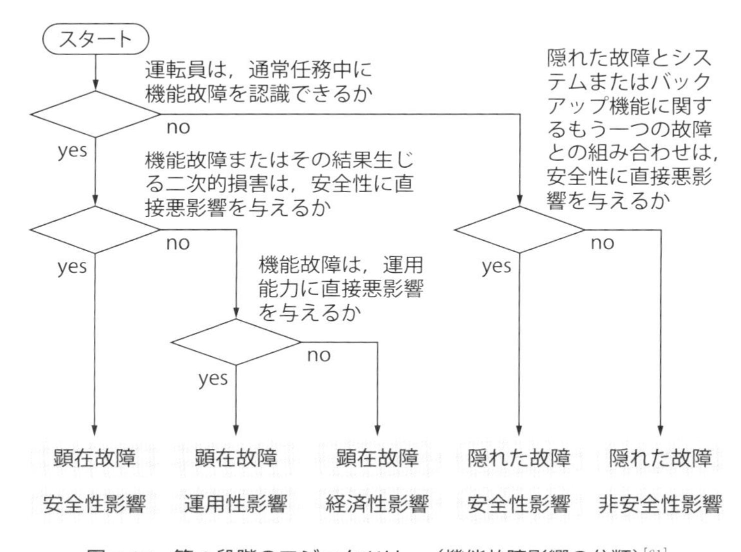

図 5.15　第 1 段階のロジックツリー（機能故障影響の分類）[61]

第 2 段階のロジックツリーは，第 1 段階で分類した影響カテゴリごとに設定されており，それを用いて以下の中から適切な予防保全作業を選択する（ただし，顕在故障の場合の運用性と経済性影響のカテゴリについては同じロジックツリーになっている）．

- 給油，サービシング：潤滑剤や消耗品の補充．
- 目視または自動の作動確認：隠れた故障のみに対する作業．故障検知が目的であり，定量的な確認は必要ない．
- 検査・機能確認・状態監視：検査は設定された基準を満たしているかの確認．

機能確認はアイテムの機能が基準内にあるかどうかを定量的に確認する作業．
状態監視は作動中のアイテムの状態があらかじめ設定された値内にあるかどうかを連続的または定期的に確認する作業．

- 修復：アイテムの状態を基準内に復元する作業．清掃，部品交換から全体のオーバーホールまで幅がある．
- 廃棄：規定の期間使用後にアイテムを取り外し廃棄する作業．
- 組合せ：安全性影響のカテゴリに適用される．適用可能な作業の中から最も効果的な組み合わせを選択する．

第2段階の作業選択ロジックツリーのうち，顕在故障に対するものを図5.16に

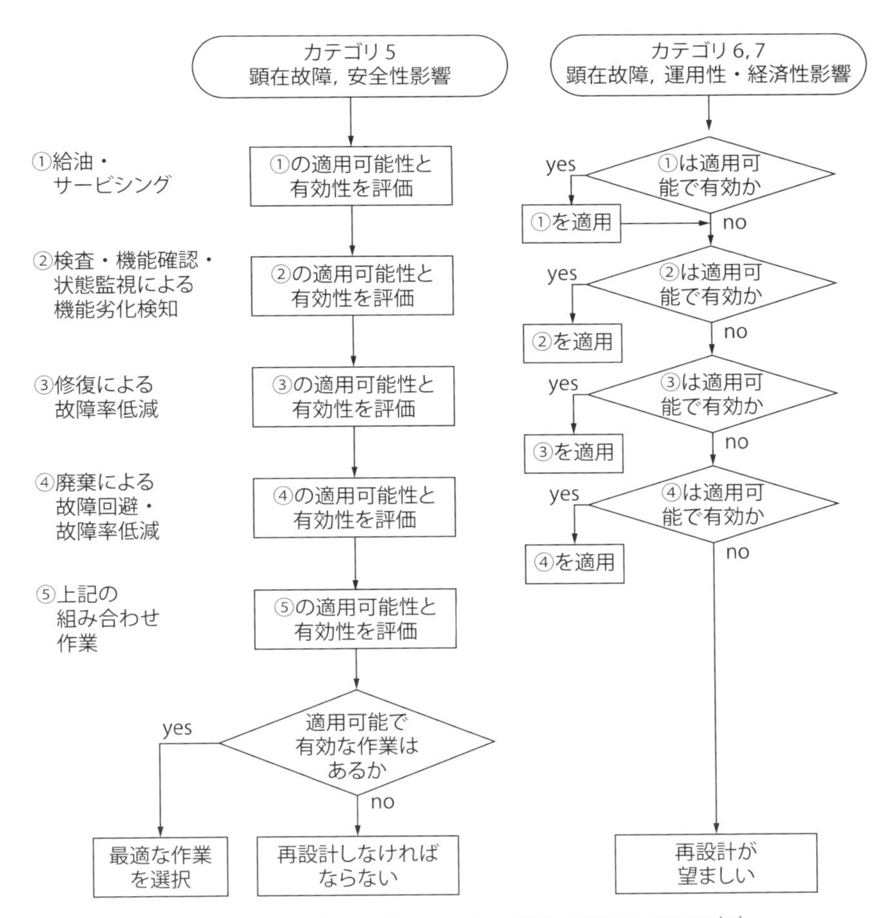

図5.16　第2段階のロジックツリー（顕在故障の作業選択）[61]

示す．作業選択ロジックでは，より簡便な作業からその適用可能性と有効性の評価を行うようになっており，影響カテゴリの違いは作業選択の手順に反映されるようになっている．安全性影響のカテゴリの場合は，すべての作業についての評価を行い，最も効果的な作業または作業の組み合わせを選択することで万全の予防保全作業を選択するようになっている．これに対して，運用性影響と経済性影響のカテゴリの場合は，検査・機能確認・状態監視以降の作業については適用可能で有効な作業が確認できた時点でそれ以上の検討はしないようになっていて，安全性影響のカテゴリの場合より作業選択の手順が簡略化されている．

隠れた故障についても，顕在故障の場合と同様に，安全性影響カテゴリと，非安全性影響カテゴリに対する作業選択のための2種類のロジックツリーが設定されている．顕在故障との違いは，給油またはサービシングに関する質問と検査・機能確認・状態監視に関する質問の間に，前述の作業リストの2番目に挙げた目視または自動の作動確認に関する質問が入る点である．安全性影響の場合は，すべての作業の適用可能性と有効性の検討を行ったうえで最も効果的な作業または作業の組み合わせを選択するのに対して，非安全性影響の場合は，作動確認以降は適用可能で有効な作業が確認できた時点でそれ以上の検討を終える点は顕在故障の場合と同じである．なお，どの作業も適用可能かつ有効ではないとされた場合は，顕在故障，隠れた故障とも，安全性影響の場合は再設計が必須とされ，非安全性影響については再設計が望ましいとされる．

以上の作業選択ロジックで各FSIの機能故障モードに対する予防保全作業を選択した後，その実施周期を決める．初期メンテナンス計画では，このために類似システムでの運用経験や製造会社の推奨値などを参照することが推奨されている．周期の決定では，安全性影響カテゴリについては，故障の発生確率が著しく低くなるように決定する必要があるが，非安全性影響カテゴリの場合は，メンテナンス作業コストと故障によって生じるロスとの間のトレードオフを考慮して決定する．

ところで，このように故障モードごとに予防保全作業と実施周期を決めると，作業の時期がばらばらになり能率が悪くなる可能性がある．その場合，各作業を，種類，周期，箇所などに基づいてまとめ，能率よく実施できるようにすることが必要である．ただし，周期を延長することによるリスクの増加と，短縮することによるコストの増加に注意する必要がある（このような作業能率向上のための周期の見直しは，初版のRCMではパッケージングとよんでいるが，IEC規格第2版では合理化とよんでいる．IEC規格第1版では記述が省かれている）．

IEC 規格第 2 版（2009）での改訂の概要[62, 63]

IEC 規格第 2 版においても，致命度に基づいて分析対象とするアイテムの機能故障を選択し，影響を安全性，運用性，経済性に分類したうえで予防保全作業を選択するという基本的な手順は，第 1 版と変わっていない．ただし，より広い分野での活用を考慮して，RCM を適用するうえで必要な前提条件や参照すべき情報などがより丁寧に記述されている．一方，予防保全作業の選定ロジックは，**図 5.17** に示すように第 1 段階と第 2 段階が統合された簡略なものになっていて，適用上の自由度を高くしてある．

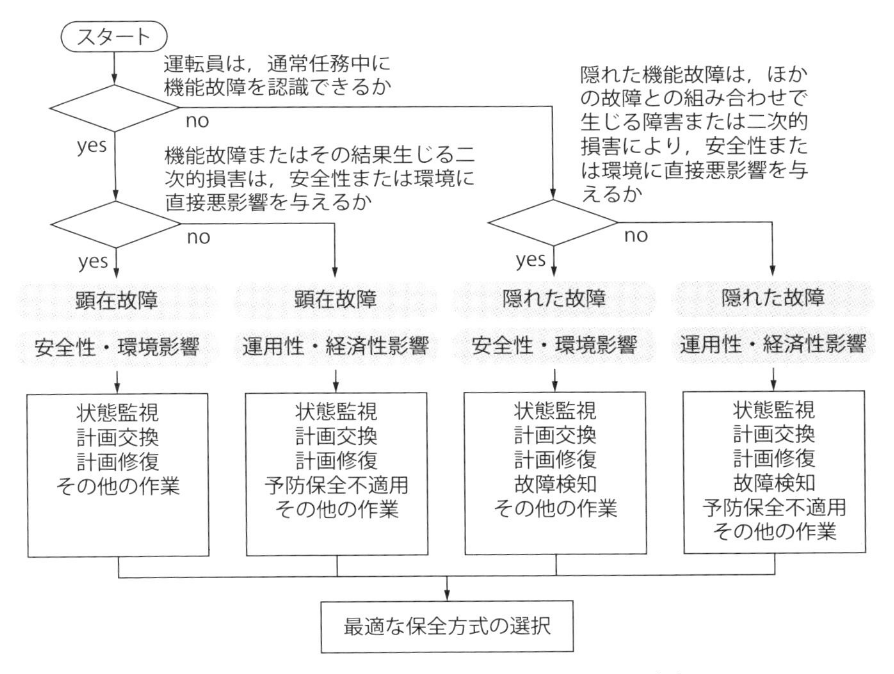

図 5.17　規格第 2 版の作業選択ロジックツリー[62]

また，第 1 版と比較すると，ライフサイクルをより意識したものとなっている．**図 5.18** では，ライフサイクルの初期段階で設定した初期メンテナンスプログラムを，運用段階で得られる様々なメンテナンスデータをフィードバックすることで継続的に改善していく必要性を示している．また，製品・設備は，そのライフサイクルの中で，改造されたり，運転条件などの運用状況が変化したりすることからも，定期的なメンテナンスプログラムの見直しが必要であるとしている．

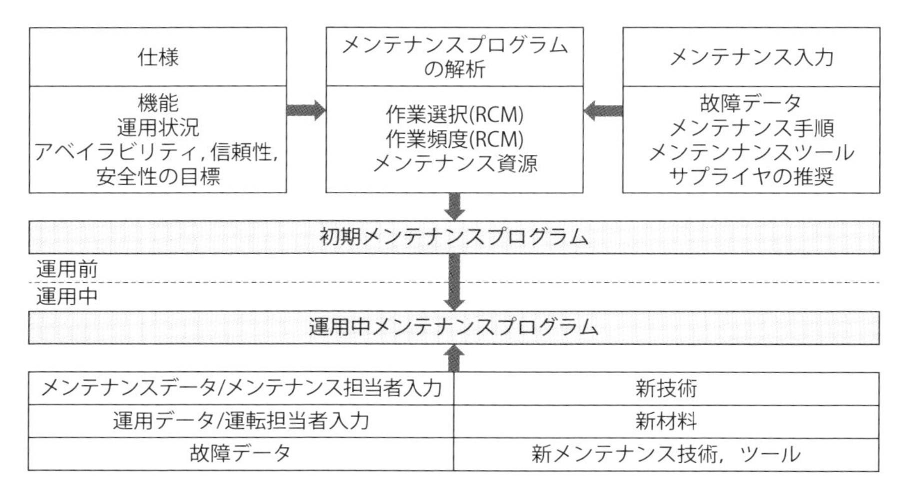

図 5.18　RCM メンテナンスプログラムの継続的改善[62]

予防保全作業の定義も若干変更されている．状態監視（Condition monitoring）が検査（Inspection）を包含する用語として定義され，修復（Restoration）と廃棄（Discard）がそれぞれ計画修復（Scheduled restoration）と計画交換（Scheduled replacement）に言い換えられている．また，その他の作業（Alternative actions）として，a）再設計，b）より信頼性の高い部品を使用するなどの改良，c）運用方法またはメンテナンス方法の変更，d）使用前・使用後の確認，e）予備品供給方法の変更，f）運転員または保全員の追加教育が挙げられている．

(3) RCM のまとめ

以上のように，RCM は図 5.3 に示した基本メンテナンス計画手法の枠組みに沿った合理的かつ統一的な方法で，製品・設備のメンテナンス計画を立案する手法である．データの活用はもちろん推奨されるが，特定のモデルや分布を前提とせず，データがない場合はエキスパートの定性的判断に頼るといった柔軟な枠組みになっているため，適用範囲の広い手法となっている．

一方，RCM の核となっている，ロジックツリーによる影響の分類と予防保全作業の選択を行うためには，その前にアイテムの機能故障の特定や，その中から RCM 分析の対象とする機能故障を選択するための致命度による優先度づけなど，多くの作業が必要で，そのことが普及上のネックになっているといわれている．

しかし，RCM は，IEC 規格第2版でも強調されているように，初期メンテナンス計画の立案のためだけのものではない．メンテナンス計画は，製品・設備のライフサイクルを通じて，運用経験や技術進歩に基づいた改善が必要である．この観点からは，初期計画段階ではあまり厳密な分析を目標とせず，分析の負荷を運用中の改善活動に分散させることで，RCM 導入のための作業量が大きすぎるという課題を緩和できると考えられる．

メンテナンスマネジメントにおいて，合理的かつ効率的なメンテナンス計画の立案は必須であり，RCM はそのための有力な方法論を提供しているといえる．

5.8.2 RBI/RBM

(1) RBI/RBM の概念

前述の RCM における故障モードの影響度のカテゴリ分けは，安全性，運用性，経済性といった大まかなものであった．しかし，大規模で複雑な製品・設備では，考慮すべき劣化・故障モードが多数に及ぶ．これらに対して，人，モノ，金といったメンテナンス資源を適切に配分し，全体として効率的なメンテナンスを行うためには，想定される劣化・故障モードの重要度とそれに対するメンテナンスの効果を定量的に評価し，より詳細な優先度づけをすることが望まれる．RBI/RBM（Risk Based Inspection/Maintenance）は，このような要求に応じた手法である．RBI/RBM では，劣化・故障の重要度を，

$$\text{リスク} = \text{影響の大きさ} \times \text{発生確率} \tag{5.4}$$

という一元的な尺度で評価する．また，予防保全作業に対する期待効果も，その作業を行うことによるリスク低減量として評価する．これにより，メンテナンス活動により達成すべき目標の設定と，メンテナンス対象となる劣化・故障の優先度づけを定量的に行うことができ，無駄のない合理的なメンテナンス計画が可能になる．

RBM は，おもに原子力分野で発達をした確率論的安全評価（PSA：Probabilistic Safety Assessment）手法や確率論的リスク評価（PRA：Probabilistic Safety Assessment）手法を基に開発された RBI（Risk Based Inspection）の概念を拡張したものである．RBI は，たとえば圧力容器などに発生するき裂が進展し破損に至る確率と破損の影響から計算されるリスクを，一定値以内に留めるために，いつ検査を行えばよいかを決定する手法として当初提案されたものである．き裂は運転を続けることによって発生・進展する可能性がある．これに対して適当な時期に検査を行い，き裂を発見できれば，補修をして無傷な状態に戻すことができる．つまり検査の時期を早めれば破損確率は少なくなり，逆に後に延ばせば破損に至る確率

は増大する．運転に伴うストレスの蓄積で，き裂が進展し破損に至る確率は破壊力学を用いて計算できるので，それに破損の影響を掛け合わせることで，運転を継続することによって増大するリスクを見積もることができる．そこで，その値を一定値以下に保つためにはいつまでに検査をする必要があるかを計算することができるわけである．

原子力発電所のような大規模な施設は非常に多くの要素から構成されており，それぞれが劣化・故障モードをもっているが，各劣化・故障モードがもつリスクは均等ではない．たとえば，図5.19は米国の原子力発電所Surry1号機を対象に，RBIの適用研究を行った結果で，炉心損傷事故の発生確率に対する個々の要素の故障の寄与分を大きい順に累積していった結果を示している[64]．縦軸が炉心損傷の累積確率，横軸は要素番号を示している．図から上位10個程の要素でほとんどのリスクを占めていることがわかる．つまり，多数の要素があっても，その中の一部の要素が大部分のリスクをもっていることが多く，それらの寄与分の大きな要素に重点をおいて検査をすることで，効率的にリスク低減が図れる．

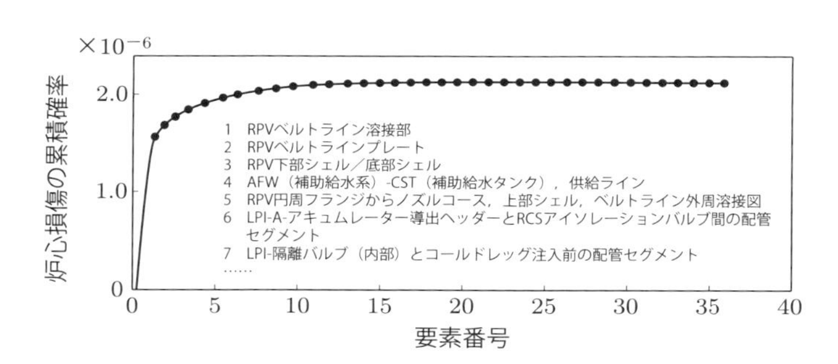

図5.19　Surry 1号機の各要素の累積リスク寄与度[64]

このように，リスクという一元的な指標を用いることで，検査対象項目の優先度づけを行い，無駄のない合理的な検査計画を立案するというのが，RBIの基本的な考え方である．また，この概念をメンテナンス活動全体に拡げたのがRBMである．

(2) RBI/RBMの発展の経緯

前述のように，RBMは，最初は原子力施設における検査計画手法として開発されたもので，当初は，最適な検査時期を決定するための手法という意味でRBIとよばれていた．しかしその後，検査計画だけでなく，メンテナンス計画全般に関する手法として発展したことから RBM とよばれることが多くなっている．なお，原子力分野では，リスクアセスメントの結果を意思決定のための情報の一つとして使うという意味で，RIM（Risk Informed Maintenance）という用語も使われている．

RBI/RBM の開発は，米国機械学会（ASME：American Society for Mechanical Engineers），米国石油協会（API：American Petroleum Institute），および電力研究所（EPRI：Electric Power Research Institute）などを中心として行われてきた．ASME では，1988 年に Risk Analysis Task Force を立ち上げ，1991 年に ASME RBI Guidelines を発行している[65]．これにより，RBI 手法の基礎が作られたといえる．一方，API では，RBI 手法を石油精製プラントなどに適用するために，1993 年に API-RBI Project を立ち上げ，その結果を API RP 581（RP は Recommended Practice の略）としてまとめ，1996 年にドラフト版，2000 年に第 1 版[66]，2008 年に第 2 版，2016 年に第 3 版を発行している．また，RBI の基本的な事項に絞ってまとめたものを API RP 580 として，2002 年に第 1 版[67]，2009 年に第 2 版，2016 年に第 3 版を発行している．

また，欧州においても，2001 年から 2004 年にかけて RIMAP（Risk-Based Inspection and Maintenance for European Industries）プロジェクトが行われ，2008 年に EN 規格が制定されている[68]．

これらの動きを受けて，日本でも 2001 年から日本高圧力技術協会で規格策定の活動が開始され，2010 年に基本規格として HPIS Z 106：2010 が発行され，さらにこれを補強するハンドブックも発行された．なお，前者については，2018 年に改訂第 2 版が発行されている[69, 70]．

以上のように，RBI/RBM は合理的なメンテナンス計画手法として広く認められるようになっているが，一般産業分野での適用に関しては，ほとんどが API-RBI の手法を基礎としていると考えられる．そこで，以下では，API RP 581 に基づいて RBI/RBM 手法の概要を説明する．

なお，RBI/RBM については，テキストや解説が出されているので，詳細はそれらを参照してもらいたい[49, 71]．

(3) API-RBI

図 5.20 に API-RBI の検査計画の手順を示す．手順には，継続的改善のループが組み込まれている．リスク評価のためには，対象設備に関する設計，検査，補修などのデータに加えて，保安，労働衛生，人事などの管理的なデータも必要である．

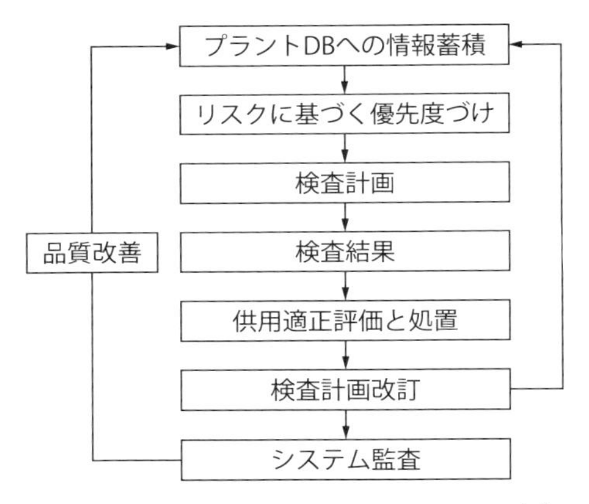

図 5.20　API-RBI における検査計画の手順[66]

しかし，これらの多様なデータを最初からそろえることは通常困難なため，リスク評価はその時点で得られているデータに基づいて行うものとされる．当初データが不完全な部分については安全サイドの判断に基づいてリスク評価を行い，検査の実施によって得られる情報の蓄積によってリスク評価の精度を上げていくことが推奨されている．

検査の結果，対象設備に損傷が検出された場合は，供用適正（Fitness for Service）評価を行い，必要に応じて修復などの処置を行う．その結果を，プラントデータベースに反映し，修復部分のリスクランクの低下に応じて，ほかの部位の損傷に焦点を当てた検査計画へ改訂する．

なお，API-RBI では，対象劣化・故障モードを，破損による耐圧部からの漏洩としている．ただし，その基本的な考え方は，静止機械全般および回転機などの動機械の劣化・故障にも適用できるものである．

RBI/RBM は，リスクの大きさによる優先度に基づいた合理的な検査計画にその特徴があるが，リスク評価のためには各劣化・故障モードの発生確率と影響度を見積もる必要がある．しかし，製品・設備の各要素についてこれらの値を定量的に評価するために必要なデータをそろえることは容易ではない．そこで，API-RBI では，実用上の便宜を考慮して，定性，半定量，定量の 3 レベルのリスク評価方法を示している．基本的には，定性的なリスク評価により優先度が高い劣化・故障モードを特定し，それらについて，半定量的または定量的評価を行うことを想定している．以下では，API RP 581 で示されている定性的リスク評価と定量または半定量的リスク評価の概要を説明する．

定性 RBI

API-RBI ではワークブックとよばれる評価手順書が用意されており，定性 RBI に対しては，記載されている項目について評点方式で専門家に評価してもらうようになっている．表 5.7 に示すように，発生可能性については 6 項目，影響度については損傷影響要因 7 項目と健康影響要因 4 項目について評価する．影響は可燃性物質の漏洩による火災・爆発または毒性物質の漏洩による健康被害を想定しており，前者が損傷影響要因で，後者が健康影響要因で評価される．これら要因ごとの評点を総合して発生可能性と影響度のそれぞれについて 5 段階のレベルづけを行い，結果を図 5.21 に示すリスクマトリクス上にプロットすることで，リスクレベルを 4 段階に分類する．

定性 RBI は専門家によるいわゆる工学的判断に基づくものだが，評価項目と手

表 5.7　定性評価に関する要因[66]

発生可能性	影響度	
	損傷影響要因	健康影響要因
● Equipment（故障の可能性のある要素数） ● Damage（劣化・損傷機構） ● Inspection（検査の有効性） ● Condition（設備の維持管理状況） ● Process（漏洩につながる異常運転，異常状態などの可能性） ● Mechanical Design（設計上の安全性）	● Chemical（発火性） ● Quantity（最大漏洩量） ● State（気化性） ● Auto-ignition（自己発火性） ● Pressure（漏洩速度） ● Credit（火災・爆発に対する安全設備の状態） ● Damage Potential（火災・爆発の可能性）	● Toxic Quantity（毒性と量） ● Dispersibility（分散性） ● Credit（毒物に対する安全設備の状態） ● Population（曝露人口）

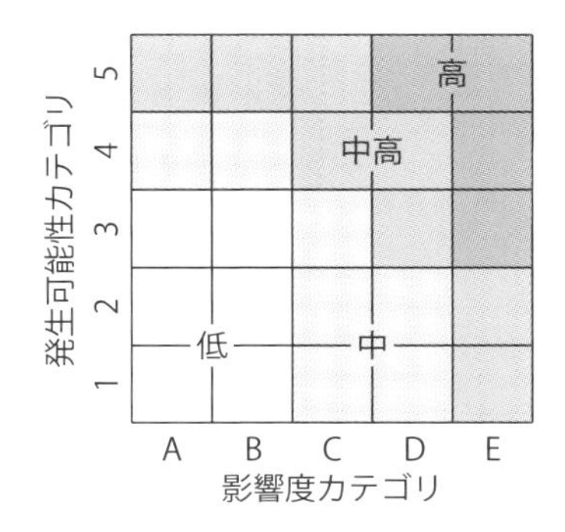

図 5.21　リスクマトリクスとリスクレベル[66]

順が適切に設定されたワークブックを用いることで，妥当で安定したリスク評価が可能になると考えられている．

定量，半定量 RBI

定量 RBI では，定性 RBI でより詳細な分析が必要とされた劣化・故障モードの影響度と発生確率を定量的に評価する．前述のように，API-RBI では，対象とする劣化・故障モードを破損による耐圧部からの漏洩としていることから，影響度の評価は漏洩物質の種類と量について行う．図 5.22 に定量 RBI における影響評価手順を示す．穴の大きさと流出速度から漏洩量を予測し，それに伴う影響を，a）火災，b）人体毒性，c）環境汚染，d）事業中断などの経済性の観点から評価する．

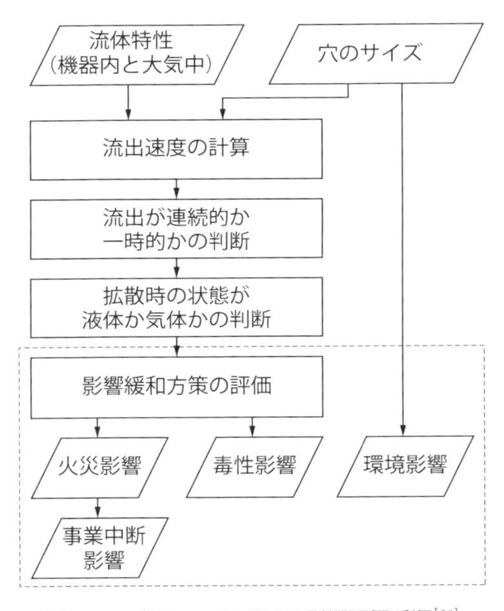

図 5.22　定量 RBI における影響評価手順[66]

漏洩を引き起こす設備の破損確率については，個々の設備ごとの値をそのメンテナンスデータから求めることは発生頻度の面からデータがそろわず困難である．一方，業界における平均的な値では，個々の設備の違いが反映されない．この問題を解決するために，API の RBI では，業界の平均値である一般発生確率に，個々の設備の特性を考慮する設備修正係数と管理体制の評価を反映する管理システム修正係数を乗じて破損確率を求める．

$$破損確率 = 一般発生確率 \times 設備修正係数 \times 管理システム修正係数 \quad (5.5)$$

設備修正係数および管理システム修正係数は，定性的 RBI で用いた評価方法と同様に，各種の項目について評点を与えることで求める．設備修正係数で考慮する項目は，表 5.8 に示すように，技術要因，一般要因，機械要因，プロセス要因に分類される．また，管理システム修正係数については，表 5.9 に示すように 102 に及ぶ質問項目についての評価結果から求める．

表 5.8　設備修正係数に関する要因[66]

技術要因	一般要因	機械要因	プロセス要因
●劣化速度 ●検査有効性	●プラント状態 ●寒冷気候 ●地震	●構造の複雑さ ●配管の複雑さ ●製作規格 ●ライフサイクル ●安全要因 ●振動監視	●運転状況（計画停止，緊急停止） ●安定性 ●安全弁

表 5.9　管理システム修正係数に関する質問項目[66]

内容	項目数	評価点
リーダーシップと管理	6	70
プロセス安全情報	10	80
プロセスハザード分析	9	100
変更管理	6	80
運転手順	7	80
安全活動	7	85
訓練	8	100
機械的健全性	20	120
始動前の安全性評価	5	60
緊急時対応	6	65
事故解析	9	75
外注業者	5	45
監査	4	40
計	102	1000

半定量 RBI は，解析の労力を軽減するために，定量 RBI を簡略化したものとなっている．影響評価については，火災影響と毒性影響に関してのみ考慮し，5 段階の評価を行う．発生確率については，設備修正係数の技術要因だけを考慮し，やはり 5 段階の評価を行う．これらの結果を，定性 RBI で用いるリスクマトリクスで 4 段階に評価する．

リスク評価結果への対応

各アイテムの劣化・故障モードのリスク評価結果に応じて対処方法を検討する．たとえば，図 5.21 のリスクマトリクスで示した 4 段階のリスクレベルについては，以下のような対応が想定できる[49]．

- レベルⅠ：受容（たとえば，法規で定められたもの以外のメンテナンスは不要とする）
- レベルⅡ：条件付き受容（現状の検査を今後も実施する条件で運転継続を認める）
- レベルⅢ：要計画変更（たとえば，次回の検査時に適切なメンテナンスを実施し，リスクレベルをⅡ以下に低減しなければ運転継続は認めない）
- レベルⅣ：受容不可（ただちに適切なメンテナンスを実施し，リスクをレベルⅡ以下に低減しなければならない）

リスク低減策としては，発生確率を下げるか，影響を小さくするかである．前者のための方法としては，まず，検査周期，範囲，方法の変更が挙げられる．RBIによれば，高リスク部については，検査頻度を上げるなど，検査資源を集中することでリスク低減を図る一方，低リスク部については，検査負荷を軽減することで，検査コストを下げることができる．つまり，リスク低減と検査コストの低減の両立が図れるわけである．なお，検査計画の変更のほか，発生確率を低減する方法としては，モニタリング装置の導入などの予防保全策の強化，運転負荷の軽減，より信頼性の高い構造や材料への設計変更なども考えられる．

また，影響の軽減策としては，漏洩についていえば，それを遮断する装置や，流出物質の除害装置の設置などの導入が，さらに，バックアップシステムの準備や予備品管理の改善などの対策も考えられる．

(4) RBI/RBMのまとめ

RBI/RBMでは，製品・設備を構成する各アイテムの劣化・故障モードがもつリスクを評価し，許容値を超える大きなリスクをもつものに対して優先的に対策を講じるとともに，無視できるほど小さいリスクしかもたないものについては，検査周期を延ばすなどのメンテナンス負荷の軽減を図る．このようにして合理的かつ効率的なメンテナンスを実現するという考え方は，5.5節で述べた基本メンテナンス計画手法の管理面での評価に対応するものとして，論理的で明快である．しかし，実際にリスク評価のために発生確率と影響度を定量的に求めようとすると，データがそろわず行き詰まってしまうことが多いと考えられる．これに対して，API-RBIでは定性RBI手法として，必ずしも定量的なデータがそろえられなくても，専門家による判断により評価できる仕組みを提供している．また，定量RBIにおいても，漏洩量など物理的なモデルが立てやすいものについては数理的に評価する一方，発生確率のようにデータをそろえるのが困難なものについては，定性的な評価により設定する修正係数を導入するなど，実務に適用しやすいような工夫が行われている．このようにして．データ不足を理由に熟練者の勘と経験に任せてしまうといったことをせず，定性的であっても適切に評価項目を設定することで安定した評価を可能にするといったことは，とくにデータの蓄積が容易でないメンテナンス分野においては有用なアプローチといえる．

ただし，そうはいっても，たとえば機器修正係数内の技術要因は評価値を最も左右する要因であり，その評価項目と手順は，全面腐食，応力腐食割れなどの劣化・損傷モードごとに用意する必要がある．RBI/RBMの実務への適用においては，それらの評価システムの整備が必要であり，それだけRCMなどと比較すると適用の範囲が限定されるという問題がある．しかし，RBI/RBMの基本概念は一般性が高く，合理的なメンテナンスを実現するうえで，その基本的な考え方は踏まえておくべきものである．

6 設備診断技術

この章では，設備診断技術について説明する．製品・設備のメンテナンスを行ううえで，構成アイテムの状態把握が重要であることはいうまでもない．とりわけ，メンテナンス方式として状態基準保全を採用する場合には必須の技術となる．対象となるアイテムや，検出したい状態量によって多種多様な設備診断技術が存在するため，基礎となる一般的知識と，代表的な手法に絞って解説を行う．

6.1 設備診断技術とは

設備診断技術の歴史は，1964年より米国GE社で開始されたMSA（Mechanical Signature Analysis）†1 計画に端を発していると考えられる[46]．これはアポロ計画に関連して行われた研究で，機械の発生する振動，音響，熱などを検出することによって機械の異常を検知しようというものであった．宇宙開発では，打ち上げ前に装置に不具合がないかどうか，徹底的に検査する必要があるが，そのために装置の分解などを行うと再組み立て時に不具合が混入する可能性がある．そこで，装置を分解せずに健全性を確認するための研究が行われた．

一方，英国では1970年に，設備の総合管理技術としてテロテクノロジー（terotechnology）†2 が提唱された[72]．この用語自身はあまり普及しなかったが，中核的な概念としてライフサイクルコストの最適化が位置づけられ，重要な実現技術の一つとして英国を中心に設備診断技術の研究が活発に行われるようになった[73]．

日本においても，同時期に鉄鋼プラントを中心として独自に設備診断技術に関する広範な研究が開始された[74]．1970年代後半になると，設備の状態を識別し，その結果に基づいて適宜処置を施すという状態基準保全の考え方が合理的な保全方式

†1 「署名」を表す英語signatureには，「特徴・特性」といった意味がある．アイテムごとの固有の状態変化を識別する技術という意味で付けられた名称と考えられる．

†2 テロ（tero）とはギリシア語のτηρεῖνに由来し，「維持する」などの意味がある．旧来の故障の修理というメンテナンスの概念を変えるために，潤滑分野における「トライボロジー」という用語の導入の成功にならって新たな用語を導入したといわれている．

として広く受け入れられるようになり，その実現のために設備診断技術を導入しようという動きが装置産業を中心として盛んになった．この結果，1980年代に入ると，軸受，回転機械などの異常検知，診断技術が広く実用化されるようになり，その後も，多様な異常に対応するために，様々な原理，方法を活用した設備診断技術の研究，開発が行われ，広範な技術分野を包含する総合的技術に発展している．

とくに2000年代以降は，ビッグデータ解析，AI，IoTなどの技術が注目を集め，設備診断への応用が盛んになっている[75, 76]．AIについては，1970年代後半から80年代にかけて興った第2次AIブームでも，設備診断は格好の応用分野とされ，エキスパートシステムなどの適用が盛んに行われたが，必ずしも大きな成果にはつながらなかった．これに対して，2000年代以降の第3次AIブームにおいては，より広範な適用が試みられ，具体的な成果も上がっており，今後の発展が期待される．また，IoT技術の発展により，センサの小型化，低価格化が進むとともに，無線通信による検出データの伝送技術も発達し，従来配線の問題で適用が困難であった部位にもセンサの装着が可能になるなど，設備診断技術の適用の可能性が広がっている．

設備診断技術の目的としては，以下の三つが挙げられる．

- 異常の検知：製品・設備の健全性を確認したり，故障の兆候や故障の発生を検知したりする．とくに，故障兆候の検知は，状態基準保全を成功させるために重要である．
- 異常原因の同定：異常部位と異常メカニズムを同定する．異常部位の同定とは，製品・設備のどの部位で異常が発生しているかを特定することである．一方，異常メカニズムの同定とは，異常を引き起こしている劣化・故障モードを特定することである．
- 異常の進展予測：アイテムが要求機能を満たせなくなるまでの期間，すなわち余寿命を推定する．劣化傾向管理による計画的なメンテナンスの実現にとって重要である．

設備診断技術は，多様な劣化・故障モードに対応するために，様々な原理，技術を応用した総合的な技術となっている．一般的には，以下のような観点で分類されることが多い．

- 適用技術による分類：用いられている技術による分類である．とくに，後述する振動法，熱画像法などのように，検出に用いる情報媒体に基づいた手法の分類は広く用いられている．

- 対象アイテムによる分類：回転機械などの能動アイテムと，塔槽類などの受動アイテムに大別される．能動アイテムは，振動や熱などを自ら発するために，振動センサや温度センサなどによる受動的な検出が可能である．一方，受動アイテムは自ら情報を発しないので，検出のためには，たとえば打撃を与えて発生する振動を観測するハンマリング試験などの能動的な検出が必要となる．
- 運用面による分類：簡易診断と精密診断に大別される[77]．簡易診断は，現場技術者が設備の異常の有無を簡便かつ迅速に判断するものである．一方，精密診断は，専門技術者が種々の診断ツールを用いて，異常の程度，原因，余寿命などを把握するものである．

6.2 設備診断の手順

設備診断は，一般に図6.1のような3段階の手順で行われる．以下では，各手順の概要について述べる．

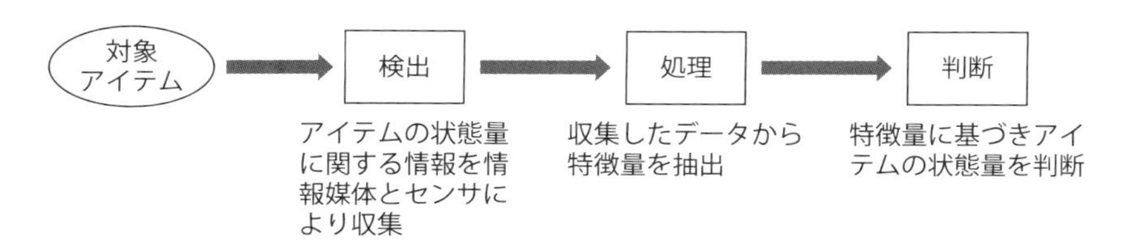

図6.1　設備診断の手順

6.2.1 検出

検出とは，対象アイテムの状態に関する情報を収集することである．このためには，対象アイテムの状態を示す状態量を特定し，その情報を検出点まで伝えてくれる情報媒体を選択するとともに，そこから情報を収集するセンサを選ぶ必要がある．たとえば，転がり軸受の損傷の検出には，その部分を転動体が通過する際に発生する振動を捉える，振動診断が広く用いられる．この場合，検出したい状態量は損傷の部位やその大きさであり，その情報媒体としての振動を，加速度センサで収集することになる．

状態量は，劣化・故障モードにより決まるが，その情報を取り出すための情報媒体とセンサは，どちらも多種多様である．それらの中から，適切な情報媒体とセンサの組み合わせを選ぶ必要がある．その際に留意すべき点は多々あるが，以下では，とくに検出範囲と，データのデジタル化に伴うサンプリング周波数について述べる．

(1) 検出範囲と異常検出確度

通常，診断の対象となる製品・設備は多数の要素から構成される．たとえば，搬送装置であるベルトコンベアは多数の軸受をもち，それぞれに異常が発生する可能性がある．各軸受に振動センサを取り付けることにすれば，多数のセンサが必要になるが，比較的確実に異常を検出できる．一方，軸受が発する異常音を監視することにすれば，一つの音響センサですべての軸受をカバーできるが，様々な雑音も拾ってしまうため異常検出の確実性は低くなる．

このように，センサの検出対象範囲と異常検出確度は一般にトレードオフの関係にあり，検出対象範囲を広げればセンサのコストは抑えられるものの，検知確度も低下してしまう．逆に，検出対象範囲を絞れば検知確度は上昇するものの，センサのコストも増加する．

一般的な傾向としては，網を掛けるように広く検出範囲をとろうとするよりも，事前の分析で重要度の高いアイテムを特定し，検出範囲を絞って確実に異常を検出するほうが効果的である．

(2) デジタルデータ

現在では，ほぼすべての検出量がデジタルデータとして扱われるため，それに伴って注意すべき点が生じる．振動，電流など，センサからの出力信号は，多くの場合，時系列データとして取得される．センサ信号は，アナログ‐デジタル変換器（A/D 変換器）を用いて大きさと時間それぞれの値を離散化することでデジタルデータに変換されるが，その際離散化の細かさが問題となる．大きさの離散化は量子化とよばれ，その細かさは量子化分解能で表される．また，時間の離散化はサンプリング（標本化）とよばれ，その細かさはサンプリング周波数で表される．

量子化においては，振幅方向の最大測定幅を何段階に区切るかが問題となる．通常，この分割数を 2 進数で表す．たとえば±10 V のデータを 16 ビットで量子化する場合は，刻みは $20\ \mathrm{V}/(2^{16}-1)=0.3052\ \mathrm{mV}$ となる．近年の A/D 変換器は 16 ビット以上のことが多く，量子化に関しては通常十分な分解能をもつ．

注意しなければならないのはサンプリング周波数のほうである．サンプリングによる歪みを生じることなくデジタル化するには，信号の最大周波数の 2 倍より高い周波数でサンプリングを行わなくてはならない．これをサンプリング定理という．

たとえば，図 6.2 の実線で示されている周期 T の正弦波信号に対するサンプリング周波数は，$2/T$ より高くなければならない．すなわち，$0.5T$ より短い周期でサンプリングする必要がある．それより長い周期，たとえば $0.6T$ でサンプリングすると，破線で示されるような正弦波が観察される．これは実際には存在しない信号波形であり，エイリアス（偽信号）という．

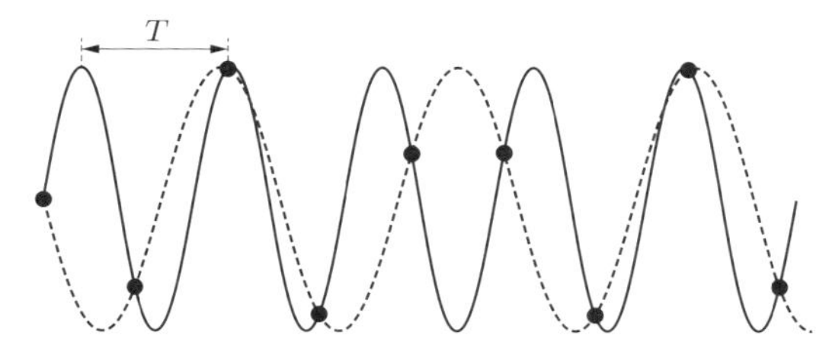

図 6.2　エイリアスの発生

後述するように，任意の信号波形は様々な周波数の正弦波の重ね合わせで表現される．したがって，サンプリング周波数はその信号に含まれる最大周波数の 2 倍より高くする必要がある．通常，センサ信号には雑音などの不要な高調波成分が含まれているので，ローパスフィルタによってそれらを除去した後にサンプリングする．

サンプリング周波数を適切に設定するためには，センサデータ中の異常兆候が現れる周波数帯域を知る必要があるが，それが最初からわかっているとは限らない．どのように兆候が現れるかを調べるためにセンサデータを取得する場合もあるが，その際はなるべくサンプリング周波数を高く設定することになる．ただし，むやみに高く設定することはデータ量の点からも適切ではない．このような問題に対しては，もともとの劣化・故障現象と，それがセンサデータに反映されるメカニズムに対する理解を深めることが重要である．たとえば，歯車の回転による振動は軸の回転周波数とかみ合い周波数成分が基本になるが，歯が全体的に摩耗してくると，かみ合い周波数の波形が崩れて 2 倍，3 倍などの高調波成分が増加する．一方，歯の一部が折損したり異常摩耗したりした場合は，衝撃振動が発生するが，その振動数は歯車の固有振動数になる．

☑ Point **設備診断の第 1 段階：検出**
対象アイテムの状態に関する情報を収集する．重要度の高いアイテムに範囲を絞ることで，異常を確実に検出するよう心掛ける．
検出データのデジタル化にあたっては，適切なサンプリング周波数を設定する必要がある．そのためには，異常が現れるメカニズムについての理解が重要である．

6.2.2 処理

センサによって得られるデータは，観測したい状態量に関するもの以外の情報も多く含んでいるので，必要な情報を抜き出す特徴抽出のための処理が必要である．前述のように検出される物理量は様々であるが，設備診断で用いられる処理の大部分は，時系列データを対象とした信号処理と，潤滑油などの物質を対象とした化学分析である．ただし，最近は画像データを用いた診断技術も発達してきているので，損傷箇所の識別などの画像処理も重要になっている．

個々の診断においてどの処理方法を選択するかは，アイテムの異常がどのようなメカニズムによって生じているか，それが情報媒体を通じてどのような変化として検出されるかを十分考察して決める必要がある．たとえば，振動なら何でも周波数分析をすればよいというものではなく，異常状態が振動にどのようなメカニズムで現れるのかを見きわめたうえで，適切な処理方法を決めるべきである．

(1) 信号処理

センサによって観測された量は，その大きさに応じた電流または電圧に変換され，多くの場合，時系列信号として扱われる．そのため．これまでの設備診断技術に関する研究の多くは，時系列信号から，診断に有用な特徴量を抽出するための信号処理技術について行われてきた．これらは，時間領域における処理と，周波数領域における処理の二つに大別される．

(1) 時間領域における処理：信号波形，すなわち信号の大きさの時間的変化を対象とする．たとえば，振動波形の衝撃性を把握するために，振幅分布から尖り度を求めることなどが行われる．

(2) 周波数領域における処理：信号の周波数スペクトル，すなわち信号に含まれる周波数成分の分布状態を対象とする．たとえば，後述するように振動の周波数から振動源が歯車なのか軸受なのかなどを判断するために行われる．

(2) 化学分析

化学分析の大部分は，潤滑油や作動油を対象として行われる．とくに潤滑油は，機構の中の劣化が進行する部位を循環してくるために，広い領域をカバーでき，診断に有用な多くの情報を与えてくれる．潤滑油や作動油の分析は，以下の3種類に大別される．

(1) 油中の摩耗粉の形状，大きさに関する分析：摩耗の進展の程度などを把握することができる．

(2) 油中の摩耗粉の成分分析：歯車や軸受などはそれぞれ特有の合金成分を含むことから，摩耗粉が含む元素を特定することで，摩耗箇所の特定などが可能となる．

(3) 油自身の劣化に関する成分分析：油の劣化は，スラッジや酸化劣化物などの生成をもたらし，油圧装置などの故障の原因となり得る．そのため，油の成分分析は油の交換時期の判断や，異常の発生予測などに有効である．

これらのほか，電気系の診断として，変圧器，開閉器などで放電によって生じる油中の分解ガスの分析なども知られている．

☑ Point　設備診断の第2段階：処理

信号処理：診断に有用な特徴量をデータから抽出する．時間領域での処理と周波数領域での処理がある．

化学分析：おもに潤滑油や作動油を対象とする．摩耗などの異常の有無の診断に用いられる．

6.2.3 判断

判断とは，処理で抽出した特徴量を使って，設備診断の目的である，異常の検知，異常原因の同定，異常の進展予測を行うことである．これまでも統計的手法を中心として様々な技術が用いられてきたが，最近ではAI技術の適用も盛んになっている．診断の基本となる異常の識別の方法は，分布型と予測型に大別できる[78]．

分布型は，特徴量が正常時の分布から逸脱している場合に異常と判断する方法である．たとえば，単変数の特徴量で正規分布に従う場合は，$\pm 3\sigma$ の区間から外れている場合を異常とする，といったことである．特徴量が多変数の場合は，多次元空間上で正常時の特徴量ベクトルの分布の中心を求め，それとの距離から異常を判定する．距離にマハラノビス距離を用いるMT法（Maharanobis-Taguchi System）

はこの代表例である[76]．また，多次元空間上に分布する特徴量ベクトルを分類し，どの分類に属するかで異常を検知したり異常の種類を特定したりする方法もある．分類の方法としては，判別分析やクラスタリング分析を用いることができる．そのほか，様々な機械学習の方法の適用も試みられている．

予測型は，過去のデータに基づいて予測をする回帰分析および時系列分析と，シミュレーションに基づいて予測を行うモデルベース法に大別できる．

回帰分析では，特徴量の入出力関係を過去のデータから回帰式として求めておき，現在の入力値から得られるはずの出力値を予測し，実測値と予測値が著しく異なる場合に異常と判定する．たとえば，回転機械の回転数（入力）と振動レベル（出力）の関係式を過去のデータから求めておき，現在の回転数から予想される振動レベルと，実際の振動レベルが著しく異なれば異常とみなすような場合である．入力変数が複数の場合は重回帰分析になる．

時系列分析では，時系列データとして得られた特徴量について，現在の値を直近の過去 n 個の値から予測し，実測値と予測値が著しく異なる場合に異常と判定する．予測に用いる関係式を時系列モデルといい，n をその次数という．時系列モデルとしては，自己回帰モデル，移動平均モデル，状態空間モデルなどがある．

モデルベース法は，アイテムの挙動を模擬するモデルを構築し，モデルで予測される挙動と実際に観測される挙動との比較から異常検知や異常原因の同定を行う．分布型や予測型も，数学モデルに基づいているという意味ではモデルベースといえるが，ここで想定しているモデルは，より実体に近い，最近ではデジタルツインともよばれているものである．例としては，切削加工における主軸モータ電流による工具欠損検知への適用がある[79]．工作物のどの形状部分を加工しているかによって切削負荷は時々刻々変化するので，正常・異常の基準もそれに伴って変化し，一定のしきい値では判断できない．図 6.3 に示すように，工作物の 3 次元形状モデルを用いた切削加工シミュレーションを行い，その予測値の時間的な変化と実測値の時間的な変化を比較することで，工具欠損などによる負荷の増大を的確にとらえることができる[79]．

☑ Point　設備診断の第 3 段階：判断

抽出した特徴量から，異常の検知やその原因同定，進展予測を行う．
異常の検知方法は，特徴量が正常時の分布から逸脱していれば異常と判断する分布型と，実測値と予測値が著しく異なれば異常と判断する予測型に大別できる．

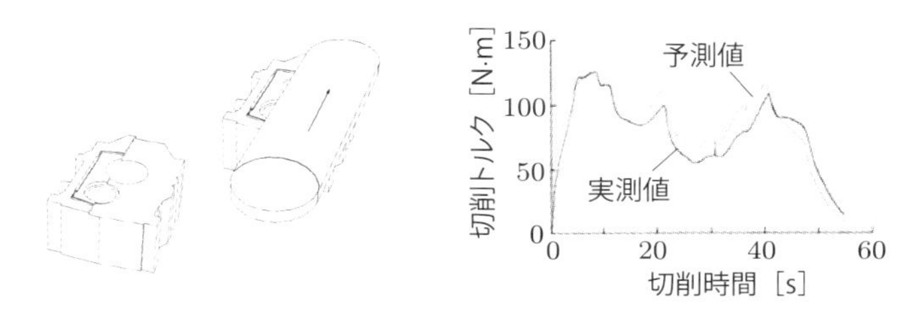

図6.3　モデルベース法の例（工具欠損の検知）

（出典）Bertok, P., Takata, S., Matsushima, K., Ootsuka, J., Sata, T., A System for Monitoring the Machining Operation by Referring to a Predicted Cutting Torque Pattern, CIRP Annals-Manufacturing Technology, Vol. 32/1, pp. 439–444 (1983).

6.3 代表的な設備診断技術

ここでは，現状おもに利用される設備診断技術について説明する．これらの手法は，基本的には6.1節で「適用技術による分類」として述べた，情報媒体に基づいて分類されたものとなっている．

まず，能動アイテムをおもな対象とする各種の手法について述べ，最後に，受動アイテムをおもな対象とする手法として材料損傷検出法を概説する．材料損傷検出法は，構造物内部や表面のき裂などの検出を目的に，非破壊検査技術（NDT：Non-Destructive Testing）として独自に発展してきた技術であるが，多くの故障や事故がき裂，摩耗，疲労，腐食などの材料損傷に起因していることから[80]，現在では重要な設備診断技術としても位置づけられている．

設備診断技術については，多くの有用な文献が存在する†．詳細はそれらに譲り，以下では各手法の概要と特徴について述べる．

6.3.1 振動法

おもに回転機械などの能動アイテムを対象として，最も広く普及している診断法である．アイテムに生じた振動を測定して，その変化から異常の有無を診断する．

機械系の振動は，自由振動と強制振動とに大別される．自由振動は，外力を受けない系に生じる固有周波数による振動であり，強制振動は外部から周期的な力が加わる

† 能動アイテムを対象とする手法については，以前からある書籍（[81, 82, 83]など）のほか，ISO規格の整備に伴った解説書[84]も刊行されている．そのほか，解説記事なども多数存在する．受動アイテムを対象とする手法としては，[85, 86]などが挙げられる．

ことで生じる振動である．設備診断における振動法の大半は，後者の強制振動に着目したもので，モータの回転などの加振力によって生じる機械各部の振動を測定する．

図 6.4 に，回転機械を対象とした振動法の原理を示す．回転機械の中には，多くの場合，軸受，歯車，ブロワの翼などの複数の動的アイテムが存在し，それぞれ異なる周波数の振動を発生する．そのため振動を測定すると，これらの周波数の振動が重畳した図(a)のような波形になる．これに，次に説明する周波数分析を適用すると，それぞれのアイテムが発生する周波数の振動の強さが，図(b)の周波数スペクトル上の該当する周波数における値として得られる．この変化から，どのアイテムに異常が生じているかが推測できる．

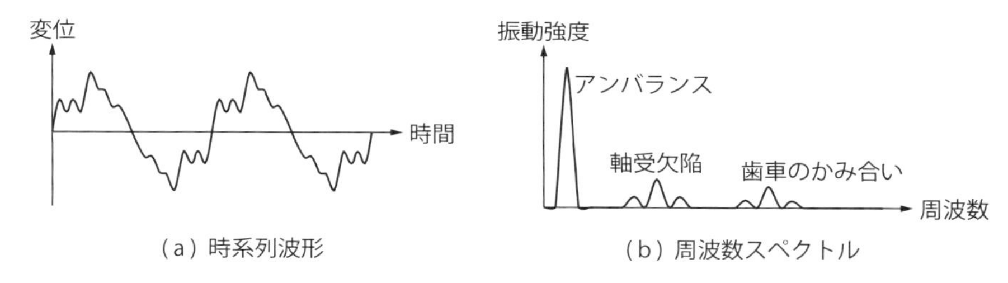

図 6.4　振動法の原理

一方，自由振動に着目した診断法としては，インパルスハンマで打撃を加えたときに生じる自由振動を測定するハンマリング試験などが挙げられる．締結部の緩みなどで構造物の剛性が変化すると，固有周波数が変化することから，異常の有無がわかる．

(1) 周波数分析[87]

周波数分析は，たとえ複雑な波形の信号であっても，複数の正弦波の和として表すことができるという原理に基づいている．任意の周期関数 $g(t)$ は，次式のように複数の正弦波の和として表すことができる．これをフーリエ級数展開という．

$$g(t) = a_0 + \sum_{n=1}^{\infty} a_n \sin\left(\frac{2\pi n}{T} t - \phi_n\right) \tag{6.1}$$

ここで，T は関数 $g(t)$ の周期である．上式は，関数 $g(t)$ を周波数 $f_n = n/T$ の正弦波成分に分解できることを表している．ϕ_n は周波数 f_n の正弦波の位相角とよばれる．a_n はフーリエ係数とよばれ，各正弦波の振幅を表す．ただし，実際の信号はデジタル化された時系列データであるため，データ長を周期 T として離散フーリエ変換とよばれる手法が用いられ，その高速演算アルゴリズムである FFT（Fast Fourier Transform）とよばれる方法で計算する．このようにして信号に含まれる正弦波成分の振幅を求め，横軸に周波数をとってプロットしたのが周波数スペクトルである．これにより，各周波数成分がデータ中にどのくらい含まれているかがわかる．したがって，たとえば前述した回転機械における歯車の損傷の場合であれば，振動の周波数スペクトルを求めると，歯車のかみ合い周波数に対応する周波数成分に変化が現れる．このことから，その回転機械における振動の増大の原因が歯車損傷にあると診断することができる．

(2) 転がり軸受の損傷診断

振動法の例として，転がり軸受の軌道面のスポーリングの診断を紹介する．スポーリングとは，軌道面と転動体との転がり接触において，転動体が繰り返し通過することで材料表面直下に生じる繰返し応力によりき裂が発生し，それが進展することで表面が剥離する現象である．

このような損傷が軸受に発生すると，その上を転動体が通過することで周期的な衝撃振動が生じる．衝撃振動の発生周期は，損傷の位置（外輪，内輪，または転動体）と転動体の運動によって決まり，表 6.1 のようになることが知られている[81]．したがって，衝撃振動の発生とその周期を把握することで，軸受の損傷とその部位の診断が可能となる．図 6.5 に，外輪軌道面の損傷を例にとって処理手順を示す[88]．

表 6.1　軸受損傷に伴い発生する衝撃振動の周波数[81]

損傷位置	衝撃振動の周波数
外輪	$\dfrac{f_r}{2}\left(1-\dfrac{d}{D}\cos\alpha\right)z$
内輪	$\dfrac{f_r}{2}\left(1+\dfrac{d}{D}\cos\alpha\right)z$
転動体	$\dfrac{f_r}{2}\dfrac{d}{D}\left\{1-\left(\dfrac{d}{D}\right)^2\cos^2\alpha\right\}$

f_r：軸の回転周波数 [Hz]
D：ピッチ円直径 [mm]
d：転動体直径 [mm]
α：接触角 [rad]
z：転動体数

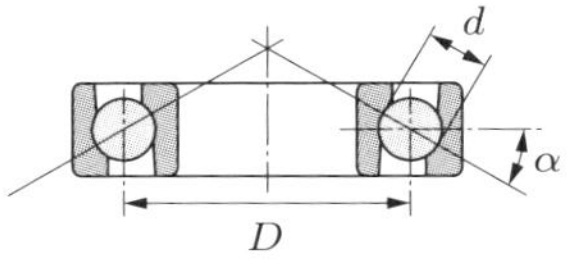

衝撃振動には高周波成分が多く含まれるため，絶対値処理を行った後，包絡線検出を行ってそれらを除去する．さらにローパスフィルタで波形を整形したうえで周波数分析を行うと，周波数スペクトルから転動体の通過周波数に対応する成分が特定できる．

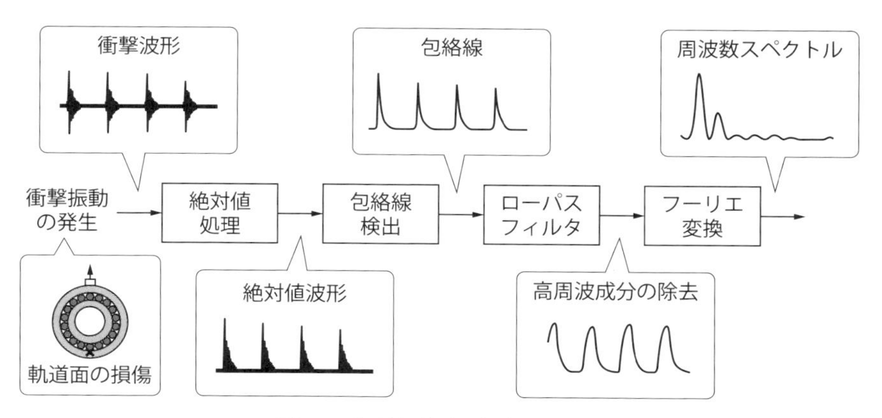

図 6.5 転がり軸受の損傷診断手順

以上のような診断処理が構成できるのは，損傷のメカニズムと損傷によって発生する振動の特性が把握できているためである．回転機械では，軸受や歯車など，各種のアイテムの損傷やアンバランスなどの異常によって，どのような振動が発生するかがよく把握されている．振動法が，設備診断技術として広く実用化されているのはそのためである．これは振動法に限ったことではなく，その他の診断技術においてもいえる．

一方で，機械学習技術などを用いると，発生メカニズムを把握することなく，正常時とは異なった変化を発見的に特定することが可能な場合もある．ただしそのような場合でも，的確で安定的な診断を実現するうえでは，事後的でもメカニズムを把握しておくことが重要である

☑ Point **振動法**
観測される振動の周波数スペクトルから，おもに回転機械における異常の有無や発生箇所などを特定する．

6.3.2 油分析法

潤滑油や作動油からは，劣化を生じやすい軸受や歯車などの機構部の診断に有用な情報を収集できる．とくに潤滑油分析は，人でいえば血液検査にあたる効果的な診断法である[89, 90]．図 6.6 に，潤滑油分析の分類を示す[91]．性状分析，組成分析は，潤滑油自身の劣化診断に用いられる．性状分析には，粘度，中和価，水分などのほか，異物全般の数や量などの汚染度の分析（コンタミネーション分析）も含まれる．

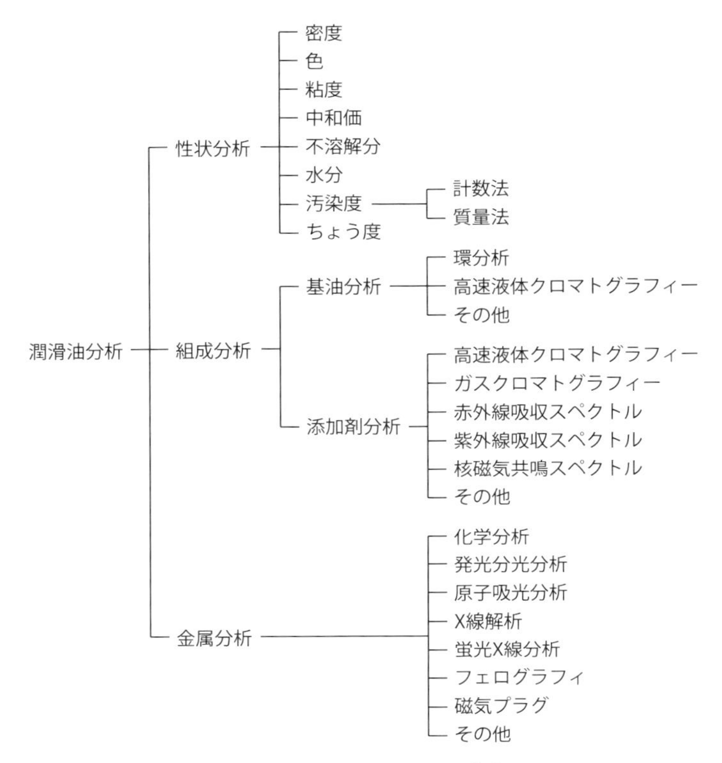

図 6.6　潤滑油分析の分類[91]

一方，金属分析は，機械系の製品・設備の主要な故障原因である摩耗の診断のために行われる．摩耗が進行すると，たとえば，軸受であれば振動が増大したり，グリースによる潤滑が不十分になって温度が上昇したりするので，振動法や温度・熱画像法などによっても診断可能である．しかし，そのような挙動の変化が現れる前から摩耗粒子は発生しているため，潤滑油に含まれている金属粒子を分析することで早期に摩耗を検知できる．

摩耗粒子の分析方法としては，フィルタや磁力を用いた磁気プラグ（チップディテクタともよばれる）で油中の金属粒子を捕獲し顕微鏡観察する方法や，フェログラフィ法，および SOAP（Spectrometric Oil Analysis Program）法などが知られている．これらの方法は，分析対象とする摩耗粒子のサイズが異なる．SOAP 法では数 μm 以下の粒子，フェログラフィ法では数十～数百 μm の粒子を対象とし，それ以上はフィルタや磁気プラグなどで捕獲する方法が用いられる．

(1) フェログラフィ法

潤滑油中の摩耗粒子の大きさ，量，形状などの分析により，機構部で生じている摩耗の診断を行うことを目的として，1970 年代に開発された方法である[92]．図 6.7 に，分析フェログラフィとよばれる装置の概略図を示す．強力な磁石の上に，スライドガラスが傾斜して置かれた構造となっている．スライドガラス上に希釈した潤滑油を流すと，潤滑油中の摩耗粒子には磁石に引き付けられる力と，潤滑油の流れによって押し流される力が作用する．大きな粒子ほど強く磁石に引き付けられて早く沈むため，摩耗粒子はガラス上に，上流側から下流側へと大きさの順に沈着する．これをフェログラムとよび，2 色顕微鏡とよばれる特殊な顕微鏡で観察する．摩耗粒子の形態が，あらかじめ用意された分類のどれに当てはまるかによって，摩耗の進行度合いなどを判断する．

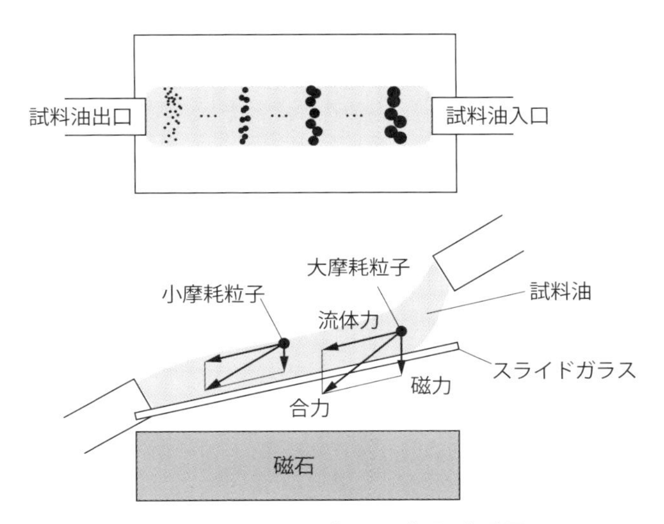

図 6.7　分析フェログラフィ装置の概略図

このほか，沈着した摩耗粒子の量を光電素子により測定する定量フェログラフィ（あるいは DR（Direct Reading）フェログラフィ）とよばれるタイプがある．摩耗が進むと摩耗粒子の総量が増加するとともに，大型の摩耗粒子が増えることから，大型の粒子量を D_L，小型の粒子量を D_S として，次式で計算される摩耗危険指数 I_S を摩耗の厳しさの目安とする．

$$I_S = (D_L + D_S)(D_L - D_S) = ({D_L}^2 - {D_S}^2) \tag{6.2}$$

(2) SOAP法

発光分光分析により，潤滑油中の金属元素の濃度を測定する手法である．航空機のエンジンの診断では早くから用いられていた方法であるが，分析装置の普及に伴って，そのほかの産業界でも広く用いられるようになっている．

摩耗粉を含んだ試料を熱エネルギーで励起すると，各元素特有の波長で発光する．これを回折格子などで分光し，得られた波長スペクトルから潤滑油に含まれている金属元素の種類と濃度を測定することができる．Fe, Mn, Cr, Ni などの金属元素の濃度を，ppm単位で測定することが可能である．軸受，歯車などの機械要素はそれぞれ特有の合金を使用しているため，摩耗粒子がどの部位で生成されたのかを推定できる．なお，SOAP法は金属元素の濃度測定なので，油の交換や補充によって濃度が変化することに留意する必要がある．

☑ Point　**油分析法**
潤滑油や作動油に含まれる金属元素や，油自身の分析から，機構部の摩耗などの劣化の有無を診断する．

6.3.3 音響法およびアコースティックエミッション法

音を情報媒体として異常を診断する方法である．音響法は，6.3.1項の振動法とは対象アイテムなどで共通する部分が多いが，疎密波である音波を検出する点で性格が異なる．

(1) 音響法

摩耗や緩みなどによるガタガタ音，潤滑不良などによるきしみ音，気体・流体の漏れ音，電気設備の放電音など，製品・設備は劣化に伴って様々な異常音を発生する．熟練した運転員や保守員は，製品・設備が発するこれらの音を聴くことで，その状態を判断できる．この能力を自動化するのが音響法である．

マイクロホンによって音響信号を収集し，周波数分析などによって異常発生の有無や異常箇所の特定などを行う．広範囲のアイテムの診断が簡便に行えるため，効率的な方法として期待され，これまで様々な研究が行われてきた．しかし，背景雑音の中から異常音を識別することの困難さなどから，実用上は振動法ほど普及することなく，現状は，気体・液体の漏れ音の検知などの特定の応用に限定されている．ただし，近年の信号処理技術や機械学習技術などの発展で識別能力の向上が図られており，今後は適用範囲の拡大が期待される．

(2) アコースティックエミッション法

外力などの作用によって材料に応力が生じると，内部に歪みエネルギーが蓄えられる．材料内部で，き裂が発生・拡大するとき，このエネルギーが解放されて弾性波として材料中を伝播する．このとき発生する弾性波は，高周波（材料に応じて数10 kHz から数 MHz）の疎密波，すなわち超音波であり，この現象をアコースティックエミッション（AE：Acoustic Emission）という．AE 法は，このような材料中の微視的破壊や変形に伴って発生する弾性波を捉えることでアイテムの損傷を診断する方法である．

塔槽類などの構造物の損傷を評価する方法として開発され，当初は受動アイテムを対象とした材料損傷検出技術として発達したが，摺動面などでも AE は発生することから，軸受，歯車などの機械要素や，切削工具などの能動アイテムの設備診断技術としても重視されるようになっている．

き裂の発生や進展によって生じる AE は，図 6.8(a)のような波形を示し，突発型とよばれる[93]．図 6.9 に示すような AE パラメータから，き裂の発生・進展を評価する．以下のような相関がある[84]．

- カウント数（AE 波形がしきい値を超える回数）：き裂の発生・進展数
- 最大振幅：き裂の進展距離
- エネルギー（AE の面積）：き裂の面積
- 立ち上がり時間：縦波と横波の伝播速度の差
- 持続時間：AE の伝播経路や伝播媒体

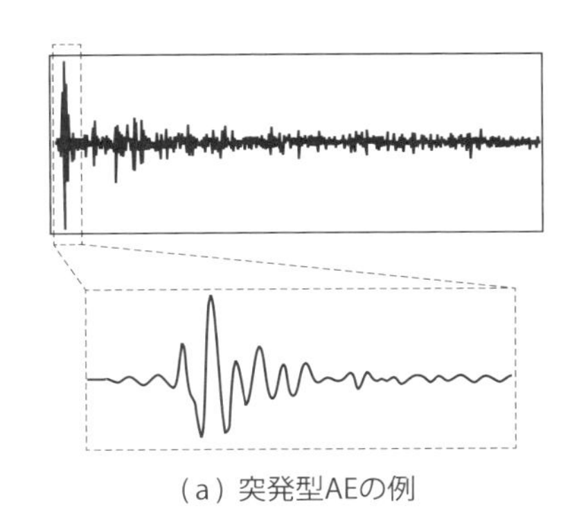

(a) 突発型AEの例

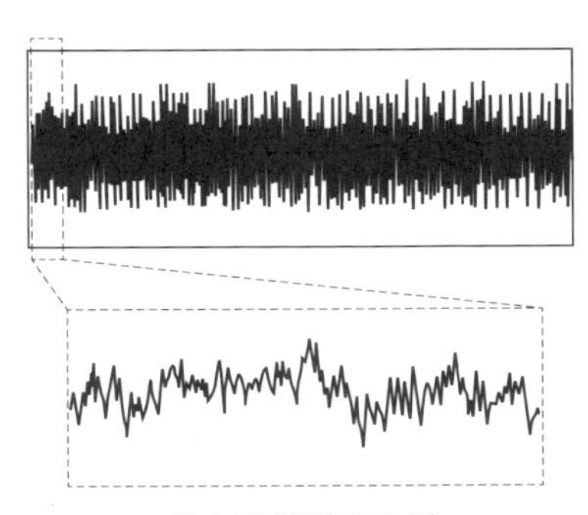

(b) 連続型AEの例

図 6.8　AE 波の形態[93]

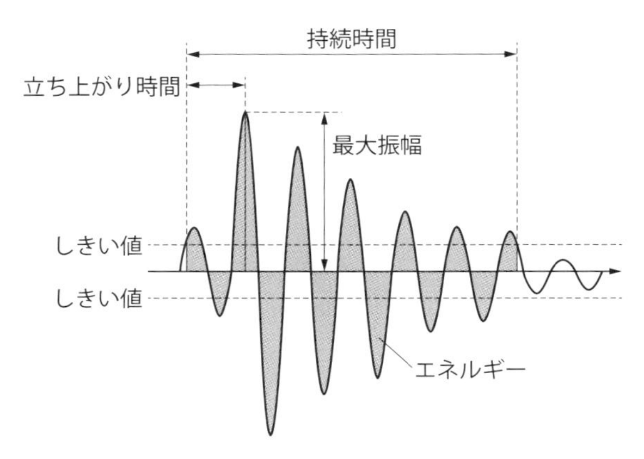

図 6.9　代表的な AE パラメータ

一方，摺動面の摩耗の進展などによって発生する AE は，図 6.8(b)のような波形を示す．これは連続型とよばれる．連続型 AE では，実効値と物体間の摩擦係数に相関があり，エネルギーと摩耗量が比例するといわれている[84]．

複数の AE センサを用いれば，到達時間差から AE の発生位置を特定可能である．たとえば，配管や軸などの 1 次元の場合は 2 個のセンサで特定でき，歯車機構であれば異常部が軸受部か歯車部なのかがわかる．平面内の位置特定には 3 個以上のセンサが，空間内の場合は 6 個以上のセンサが必要となる．

☑ Point　**音響法および AE 法**

音響法：製品・設備が発する様々な異常音を収集して診断する．簡便かつ効率的だが，背景雑音の処理が難しい．

AE 法：材料中の微視的破壊・変形で発生する弾性波を捉えて診断する．構造物の損傷や，摺動面の摩耗などの診断などに用いられる．

6.3.4 電流・電力法

モータに流れる電流が負荷の大きさに依存することを利用して，モータまたは負荷の異常の有無を診断する方法である．回転機械の診断には振動法が広く適用されるが，モータなどの設置状況によっては，振動センサを取り付け，安定的に信号を取り出すのは必ずしも容易ではない．この方法はモータに流れる電流値を測定するだけでよく，検出が容易なため広く利用されている．

実際の測定では，図 6.10 に示すようにクランプメータが用いられる．電源からモータへ電力を供給する配線を，開閉可能な環状の測定部に通す．アンペールの法則により，配線周囲には同心円状に，配線を流れる電流値に依存した量の磁束が生じる．これを環状測定部で捉えて検出し，電流の実効値などに換算して表示する．配線を切断する必要がないため，運転中でも測定できる．磁束の検出方法によって，測定できる電流値の範囲や直流・交流の種類などに違いがあり，製品・設備に応じて適切に使い分ける必要がある．

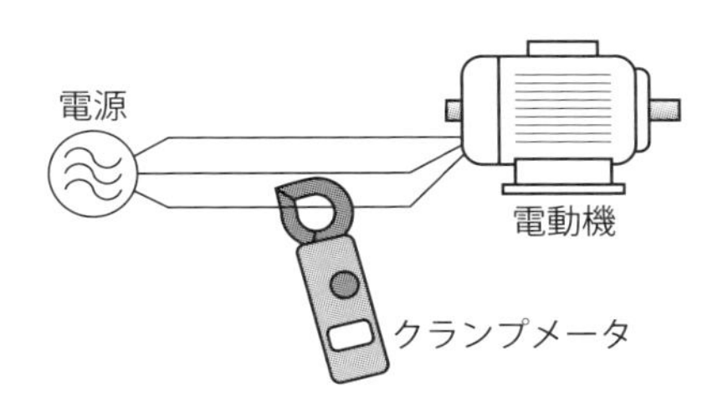

図 6.10 クランプメータによる電流検出

この方法は配電盤上で検査を行うことが可能で，製品・設備に対する直接作業が不要である．ただし，負荷変動がわずかな場合，実効値を観測するだけでは，感度よくそれを捉えることが困難という問題がある．これに対して，信号に含まれる高周波成分に着目し，包絡線処理や FFT 解析などを適用することで，電動機自身の異常だけでなく負荷側の機械系の異常の識別も可能にする技術が開発されている[94]．

また，電流に加えて電圧も検出すれば電力を求めることができ，電動機の負荷変動を感度よく観測することができる．このことを利用して，たとえば，切削工具の欠損検知や主軸軸受の劣化診断などに応用した例などが報告されている[95]．

☑ Point **電流・電力法**

モータに流れる電流や，消費される電力の変動を測定して，モータ自身や負荷の異常を診断する．

6.3.5 温度・熱画像法

製品・設備の稼働中の温度を熱電対やサーミスタを用いて監視し，異常を検出したら運転を遮断することは古くから行われているが，近年では赤外線サーモグラフィが普及し，設備診断に広く適用されるようになっている．

すべての物体は，その温度に応じた電磁波を放射する．一般的な温度（超高温以下）では，放射される電磁波は赤外線である．赤外線サーモグラフィは，この放射される赤外線のエネルギーを赤外線カメラで測定し，物体の温度分布として画像表示するものである．ただし，放射されるエネルギーは物体の材質，表面性状などにも依存するため，正確な温度を測定するにはこれらの補正が必要となる．これには，同じ温度の黒体の放射エネルギーに対する比である放射率が用いられる．黒体とは，あらゆる電磁波を完全に吸収する理想物体のことで，その放射エネルギーは温度のみによって決まる．同じ温度であれば黒体の放射エネルギーは最も高く†，したがって黒体の放射率を1として，物体の放射率は0～1の値で表される．

JIS Z 2300：2020 非破壊検査用語では，赤外線サーモグラフィは「赤外線放射エネルギーを検出し，見かけの温度に変換し，その分布を画像表示する方法」と定義されている[93]．ここで，「見かけの温度」とは，測定した物体の放射率が1であると仮定した場合に，赤外線放射エネルギーから求められる温度である．一般に，赤外線サーモグラフィで得られる画像には放射率が異なる様々な物体が写っているため，画像からただちに正確な温度分布は識別できないことに注意が必要である．

赤外線サーモグラフィによる状態診断は様々な対象に対して適用されている[96]．代表的なものとして，電気系では，接触不良や過負荷による過熱検出がある．機械系では，軸受の潤滑不良や，可動部の異常接触などによる摩擦熱の発生検出がある．また，構造物では，加熱炉や煙突のライニングや建物外壁の剥離などの検出がある．これは，剥離したタイルなどの裏側に空洞ができ，その断熱効果でほかの部分との温度差が生じることを利用している．

☑ Point　**温度・熱画像法**
赤外線サーモグラフィにより温度分布を測定し，異常の有無や発生箇所を特定する．分野を問わず様々な対象に用いられる．

6.3.6　材料損傷検出法

ここでは，おもに受動アイテムを対象として，損傷等で生じた材料中の欠陥の検出を目的とする手法について説明する．様々な方式があり，検査対象の材質や，検出したい欠陥の種類などによって使い分けられる．

† 熱平衡状態では，物体が吸収するエネルギーと物体が放射するエネルギーはつり合っているので，吸収エネルギーが最大となる黒体からの放射エネルギーが最も高い．

(1) 放射線透過試験

放射線は，物質を透過する性質をもつが，検査対象の中に空隙などの欠陥があると，その部分を透過する放射線の強さがほかの部分より強くなる．これを利用して，図 6.11 に示すように欠陥を透過画像として検出する方法が放射線透過試験（RT：Radiographic Testing）である．通常，放射線としては X 線または γ 線を用いる．物質内を透過してくる放射線の強さの差異で像を得るため，体積のある欠陥は検出しやすいが，幅の狭い割れなどは検出しにくい．

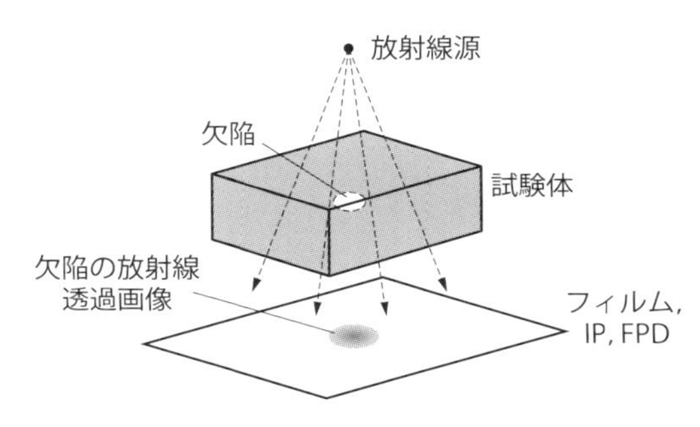

図 6.11 放射線透過試験

画像化には，フィルムを用いた写真撮影のほか，近年ではイメージングプレート（IP：Imaging Plate）やフラットパネルディテクタ（FPD：Flat Panel Detector）などの電子デバイスを用いた方法が普及している．IP では，フィルムの代わりに特殊な蛍光板に像を記録する．これに特定波長のレーザを当てると発光することを利用して，像を読み取ってデジタル画像とする．ある程度変形させて試験体に密着させることができるので，フィルムに近い感覚で撮影することができる．FPD は，フォトダイオードなどをアレイ状に並べた検出器により直接デジタル画像を得るもので，有線または無線で直接 PC に画像を転送できるので，リアルタイムの検出が可能である．画像のデジタル化により，工業用の CT（Computed Tomography）も発達している．複数方向から撮影した画像データを合成して，断層画像や 3 次元画像を得ることが可能となっている．

(2) 超音波探傷試験

超音波探傷試験（UT：Ultrasonic Testing）は，探傷面からパルス状の超音波ビームを入射し，その反射波から材料内部の欠陥を検出する方法である．図 6.12 にその原理を示す．垂直探傷法とよばれる，超音波を探傷面に対して垂直に入射する方

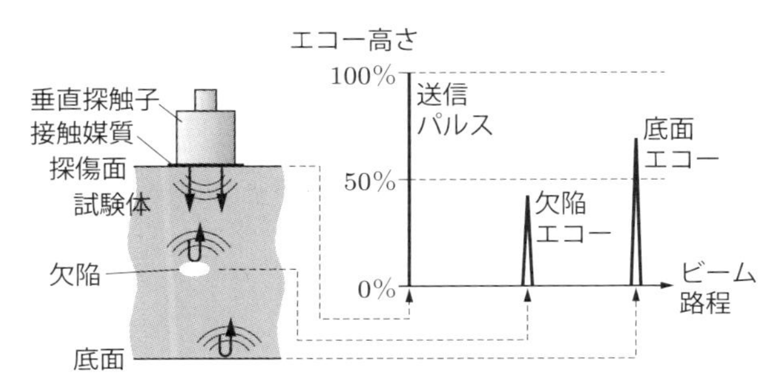

図6.12　超音波試験の原理（垂直探傷法）[93]

式の場合を示している．欠陥がない場合は，超音波ビームは試験体の底面で反射され，底面エコーとして観測されるが，内部に欠陥があるとそこで反射され，欠陥エコーとして観測される．垂直探傷法では，底面エコーと欠陥エコーの伝播時間の差から，欠陥の深さ方向の位置を求めることができる．

溶接部のように真上から超音波ビームを入射できない場合は，図6.13に示すように斜めに超音波ビームを入射する斜角探傷法が用いられる．この場合，超音波ビームを直接欠陥に当てる直射法と，底面で反射したビームを当てる1回反射法がある．

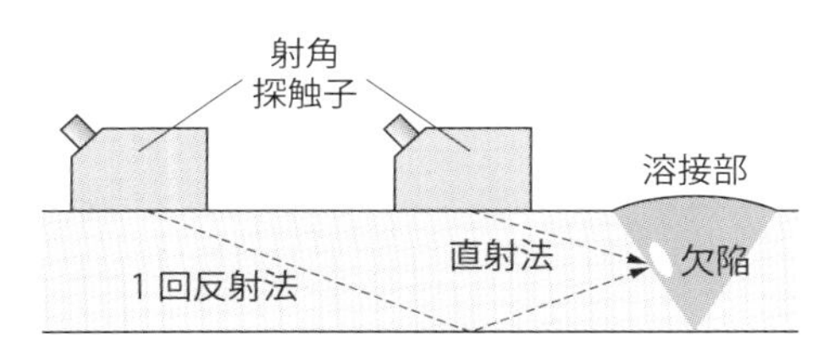

図6.13　斜角探傷法[85]

なお近年，垂直探傷法はもとより通常の斜角探傷法でも困難な欠陥高さ（深さ方向の欠陥の大きさ）を精度よく求める方法として，TOFD（Time of Flight Diffraction）法が用いられるようになっている．これは，欠陥部を挟んで2個の探触子を向かい合わせ，一方の探触子から送信した超音波を他方で受信し，欠陥の上下端で回折される超音波の伝播時間の差から，深さ方向の位置と大きさを求めるものである．

また，連続的に振動子を並べた探触子を用いるフェーズドアレイ探傷法も普及してきている．各振動子に加えるパルスのタイミングを制御することにより，超音波ビームを任意の方向に偏向，収束，移動させ，試験体の深さ方向断面（Bスコープとよばれる）や水平断面（Cスコープとよばれる）などの画像を求めることができる．

(3) 磁気探傷試験

磁気探傷試験（MT：Magnetic Testing）は，材料が強磁性体である場合に適用可能な方法である．強磁性体材料が磁化すると，磁束が材料中に生じる．このとき材料表面に欠陥があると，図 6.14(a)に示すように，その部分で磁束の一部が表面に漏洩する．漏洩磁束が発生したところには局部的な磁石が形成されるため，強磁性体でできた磁粉を塗布すると，図(b)のように欠陥部に吸着して磁粉模様が形成される．磁粉模様は，欠陥の幅の数倍から数十倍になるので，目視で容易に確認できるようになる．磁粉探傷試験（Magnetic Particle Testing）ともいう．ただし，欠陥の長手方向が磁束と平行になっていると検出が困難である．欠陥の長手方向が分からない場合は，磁化の方向を 90 度変えて試験をする必要がある．漏洩磁束を磁粉ではなく，磁気センサで検知する方法もあり，これは漏洩磁束探傷法とよばれる．

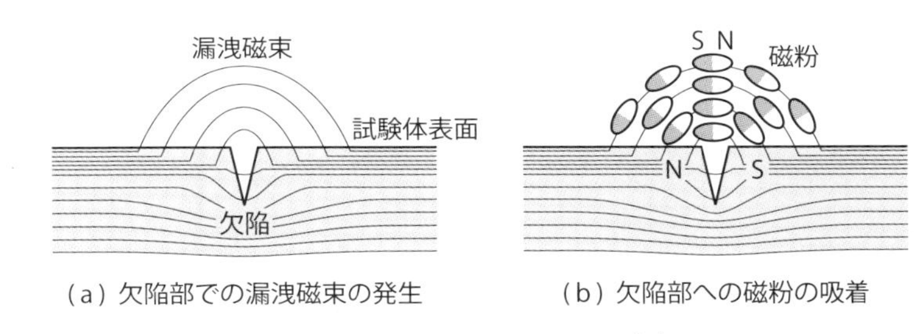

(a) 欠陥部での漏洩磁束の発生　(b) 欠陥部への磁粉の吸着

図 6.14　磁気探傷試験の原理[85]

(4) 浸透探傷試験

浸透探傷試験（PT：Penetrant Testing）は，毛細管現象を利用して，材料表面の欠陥を際立たせる方法である．基本手順を図 6.15 に示す．材料表面に着色染料または蛍光体を含む液体（浸透液）を塗ると，毛細管現象により欠陥内部に染み込む．その後，表面の浸透液を洗浄し，現像剤を塗布すると，欠陥の中に浸透した浸透液が表面に吸い出されて広がるため欠陥が検出できる．多孔質材料以外であれば，

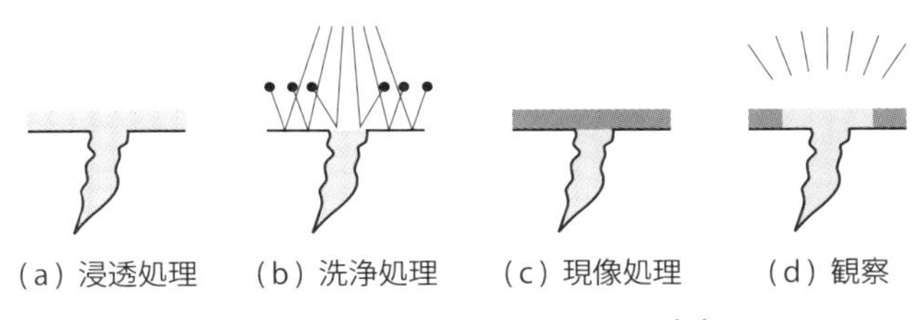

(a) 浸透処理　(b) 洗浄処理　(c) 現像処理　(d) 観察

図 6.15　浸透探傷試験の基本手順[85]

非磁性材料や導電性のない材料も含めてほとんどの材料に適用可能である．

(5) 渦電流探傷試験

渦電流探傷試験（ET：Eddy Current Testing）は，導電材料の表面付近の欠陥を検出する方法である．図 6.16 に示すように，交流電流を流したコイルを導電材料に近づけると，電磁誘導により，材料にはコイルの交流磁束を打ち消すような渦電流が発生する．このとき材料表面に欠陥があると，渦電流の流れが変わるためコイルのインピーダンスが変化する．このインピーダンスの変化を捉えることで，欠陥を非接触・高速に検出できる．

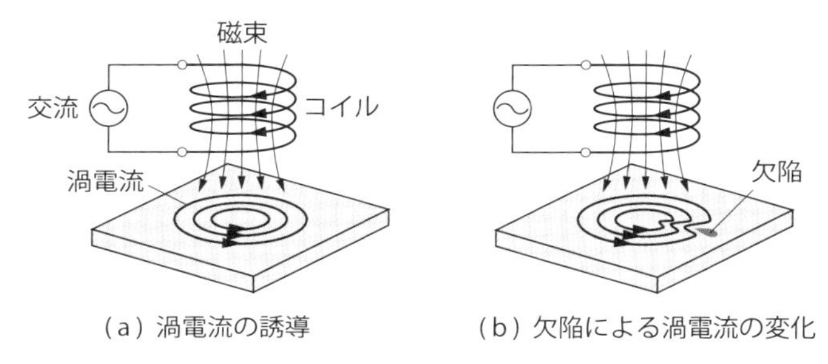

図 6.16　渦電流探傷試験の原理[85]

コイルを内蔵したプローブには様々な種類があり，検査対象によって使い分けられる．これらは，図 6.17 に示すように，管材・棒材・線材などの表面の探傷に用いる貫通プローブ，熱交換器の伝熱管などの管内面の探傷に用いる内挿プローブ，および航空機のリベット継手部の疲労き裂の検出などのために検査対象の表面を走査する場合に用いる上置プローブに大別される．

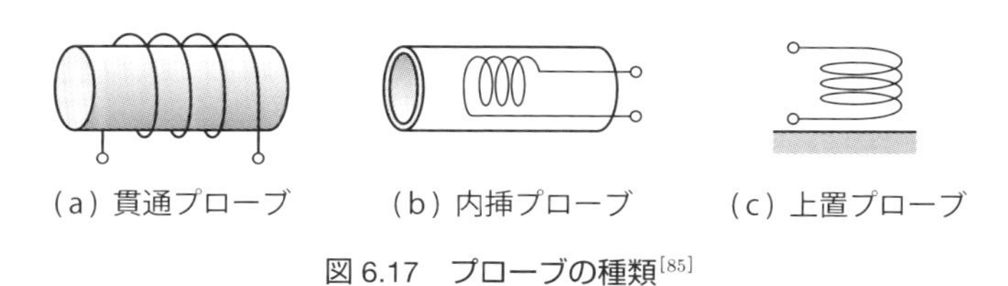

図 6.17　プローブの種類[85]

☑ Point　**材料損傷検出法**

材料中の欠陥を検出する．対象アイテムの材質や欠陥の種類によって，様々な方法が使い分けられる．

7 ライフサイクルメンテナンスマネジメント

メンテナンスの目標は，望ましい製品・設備ライフサイクルの実現と，それによるライフサイクルを通じた価値創出効率の最大化である．そのためには，これまで述べてきたメンテナンスに関する基本概念や主要な手法を活用して，適切な指標に基づいた意思決定を行っていく必要がある．理想的には，式(1.1)～(1.3)に示したライフサイクル全体に関する指標であるコスト有効度，環境効率，資源効率の最大化を図ることである．しかし，ライフサイクル全体にわたるすべての要因を考慮した最適化を図るのは不可能であるから，実際には考慮すべき範囲を絞り，その範囲で最適な意思決定を行う．具体的には，ライフサイクルの段階ごとにそれぞれ重点的に取り組むべき課題を取り上げて解決を図っていくことになる．

以上のような観点から，本章では，適切なメンテナンスマネジメントの前提となるメンテナンスデータとその評価の問題について述べた後，ライフサイクルの初期（BoL：Beginning of Life），中期（MoL：Middle of Life），後期（EoL：End of Life）の各段階における具体的なライフサイクルメンテナンスマネジメントの例を見ていく．

7.1 メンテナンスデータ

効果的なメンテナンスマネジメントを実現するためには，メンテナンスデータの適切な収集と管理が必要である．以下では，メンテナンスデータを，メンテナンス履歴データとモニタリングデータに大別して考えてみる．

7.1.1 メンテナンス履歴データ

メンテナンス履歴データとは，点検記録，劣化・故障の診断結果，予防・事後保全における処置記録などを指す．これらのデータは統合的・整合的に管理される必要がある．近年，CMMS や EAM の発展によって，メンテナンスデータの統合管理は進んでいるが，いまだ以下のような問題が存在する場合がある．

- 点検記録，故障時の対応記録などに抜け漏れや不整合がある．
- アイテムを個別管理していないために，同一製品・設備に複数あるアイテムのうちどれを処置したのかを特定できない．
- 交換等の処置理由が適切に記述されていないために，定期交換，故障交換，ついで交換等の区別ができない（ついで交換とは，ほかのアイテムを交換する際に，その時点では異常は認められなくても，近いうちに寿命がくることが予想されるアイテムをついでに交換すること）．
- 処置として調整を行う場合，調整後の合格値しか記録しないために，調整量すなわち劣化量がどのくらいだったのかわからない．
- 運転・環境条件が記録されていないために，実稼働時間や負荷の推定ができない．

以上のような問題の根源にあるのは，データ活用の目的を明確にしてそのための仕組みを整える，ということをせずに，まずはデータの蓄積から始めようとする姿勢である．そのために，不足や不整合に気づかないままとなってしまう．

メンテナンスマネジメントの観点から，メンテナンス履歴データで得られる情報として第一に期待されるのは，アイテムの寿命である．状態量が定量的に観測され

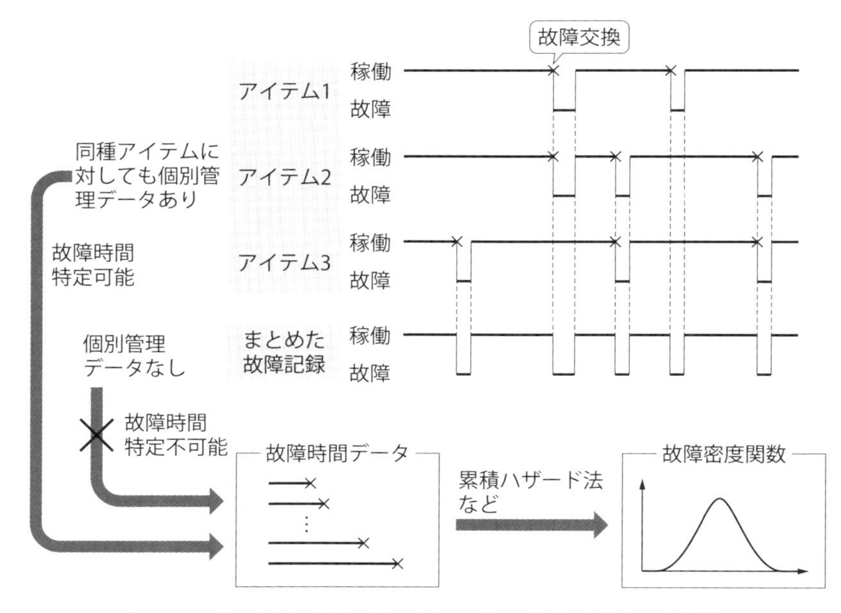

図 7.1　メンテナンス履歴データによるアイテム故障分布の推定

ている場合は，劣化進展速度から寿命を予測することができる．そうでない場合は，アイテムの交換等の処置記録から 3.5.5 項で述べた累積ハザード法などを用いて故障時間分布を推定することになる．しかし，図 7.1 に示すように，同種アイテムであっても個別管理ができていないと，個々のアイテムの使用開始・終了時点のデータ対が得られず，故障時間分布の推定ができない．故障時間分布を求めるためにメンテナンス履歴データを蓄積する，ということを最初から明確にしておけば，このような問題は起こらないはずである．

☑ Point　**メンテナンス履歴データ**
点検記録，劣化・故障の診断結果，予防・事後保全における処置記録などを指す．
データ活用の目的を明確にし，統合的・整合的に管理する仕組みを整えておく．

7.1.2　モニタリングデータ

IoT，データアナリティクス，AI などの技術の発展に伴って，製品・設備の状態をモニタリングし，劣化・故障の兆候を識別することで適切な処置を施す状態基準保全（CBM）の普及に期待が高まっている[97]．

効果的な CBM を実現するには，モニタリングデータを適切に取得する必要があるが，これは取得されたデータを見ただけでは判断できない．注意すべき点の一つが，データの取得間隔である．たとえば，ダイカストマシンにおいて，プランジャの速度を測定して射出プロセスをモニタリングするとしよう．1 回の射出時間が 100 ms であったとして，データ取得間隔が 50 ms ではプロセスを正しく把握することはできない．モニタリング対象に応じて，適切なデータ取得間隔を設定する必要がある．

その他の注意点としては，データを取得するタイミングがある．たとえば，毎日決まった時刻にコンプレッサの振動実効値を取得するようなシステムを構築したとしても，コンプレッサのモータ回転数が時々刻々変化していれば，取得される振動実効値もそれに伴って変化してしまう．同時に回転数も計測し，振動データを規格化するなどの方策を考える必要がある．

このように，対象アイテムの構造・機能と劣化・故障メカニズムに基づき，兆候が発せられるメカニズムを理解したうえで，モニタリングデータの取得が適切かどうかを判断しなければならない．また，モニタリングデータを扱う際には，そのデータがどのようにして取得されていて，何を表しているのかを理解して分析を行うことが重要である．

☑ Point　モニタリングデータ
適切に取得されているかは，データからだけでは判断できない．対象におけるデータ生成のメカニズムを理解する必要がある．
データがどのように取得され，何を表しているか理解して分析するのが重要である．

7.2 ライフサイクルメンテナンスマネジメントにおける評価

7.2.1 評価指標

ライフサイクルを通じた適切なメンテナンスマネジメントの実現には，それぞれの段階で採用する方策が適切に機能しているかどうかを評価する仕組みが必要である．これには様々な観点があり，それぞれに適した指標が存在する．第3章で述べたMTTF（故障までの平均動作時間），MTBF（平均故障間動作時間）や，MTTR（平均修復時間：Mean Time To Restoration）といった，故障やその修復に関する指標がよく知られているが，そのほかにも，時間効率の観点からは設備総合効率（TPMの指標として後述）などが，またコストの観点からは事後保全コストや予防保全コストなどがある．

一方，ライフサイクルメンテナンスマネジメントの目標は，ライフサイクルを通じた価値創出効率の最大化であり，それを評価する全体的な指標は，コスト有効度，環境効率，資源効率である．メンテナンスマネジメントの観点からは，たとえばメンテナンス方式の変更によるMTBFの改善が，コスト有効度の改善にどのくらい貢献するのかといったことが重要である．しかし，上記のような種々の個別指標と全体指標の関係は，その他様々な条件にも依存するため，単純には求められない．この問題を解決するために有効なのが，1.2節で資源循環システムの評価に関連して述べたライフサイクルシミュレーション（LCS）である．

7.2.2 ライフサイクルシミュレーション

LCSでは，対象とする製品・設備のライフサイクルにおいて発生する点検，事後保全，予防保全，改良保全などの様々な事象をコンピュータ上で発生させ，その事象に伴う影響を項目ごとに累積することで，ライフサイクルを通じた評価を行う．事象の発生は，故障分布のような確率分布に基づく場合，劣化進展モデルに基づく場合，時間基準保全（TBM）のように決められたスケジュールに基づく場合などがあり，それぞれの事象ごとに発生モデルを設定する．

シミュレーションにおける具体的な処理例として，TBM と CBM に対する処理の概要を，それぞれ図 7.2 と図 7.3 に示す．

TBM では，故障分布に基づいて故障の発生時期 t_F を予測し，それが予定した予防保全の実施時期 t_{PM} より早い場合は事後保全作業が発生する．一方，予防保全時

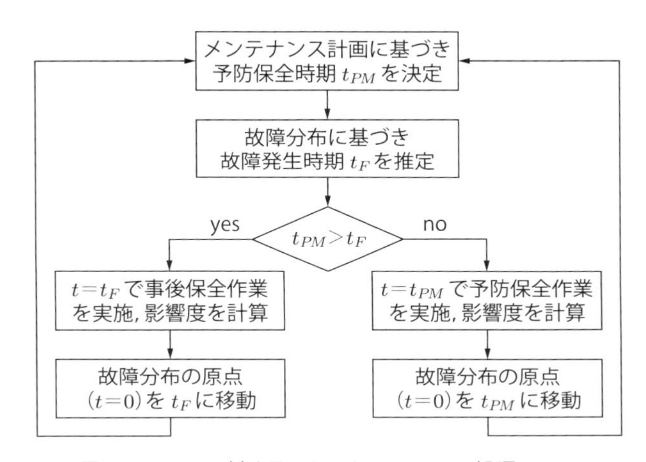

図 7.2　TBM に対するシミュレーションの処理フロー

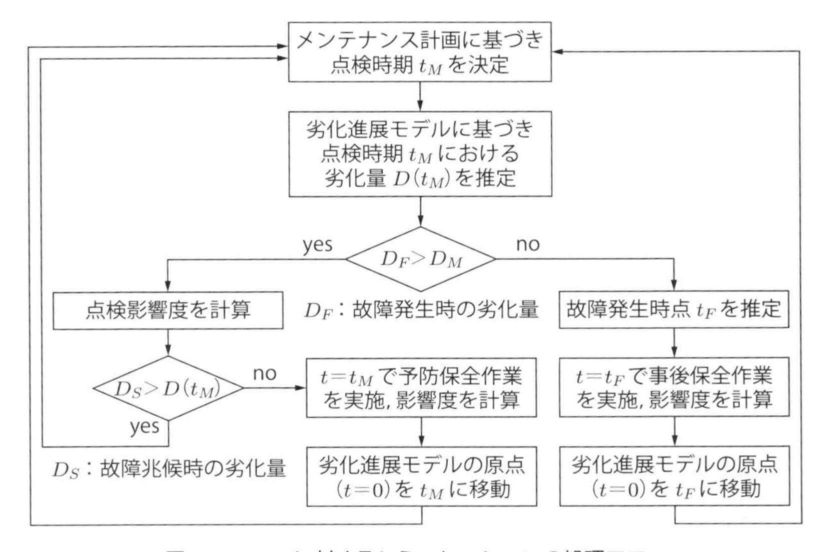

図 7.3　CBM に対するシミュレーションの処理フロー

期が故障発生時期より前の場合は予防保全作業が行われる．いずれの場合も，それぞれの作業に伴う影響度を影響項目ごとに累積したうえで，事後保全または予防保全作業によってアイテムの劣化が修復されるとして，故障分布の原点を保全作業時点にシフトさせ，次の TBM サイクルのために最初の処理に戻る．

CBM では，劣化進展モデルに基づいて点検時期 t_M における劣化量 $D(t_M)$ を推定したうえで，機能限界となる劣化量 D_F，および故障兆候とみなされる劣化量 D_S との大小関係によって，以下の三つの場合に分けて考える．

(1) $D(t_M) > D_F$ の場合：t_M 以前に故障が発生してしまっているとして，その時期 t_F を推定し，その時点で事後保全作業を行ったとする．

(2) $D_S < D(t_M) \leqq D_F$ の場合：t_M 時点で予防保全作業を行うとする．

(3) $D(t_M) \leqq D_S$ の場合：何の処置もせずに次のサイクルのために最初の処理に戻る．

(1)の事後保全作業を実施した場合と，(2)の予防保全作業を実施した場合は，劣化進展モデルの原点をそれぞれの実施時点に移動させ，最初の次回点検時期の特定に戻る．また，TBM の場合と同様に，この間の作業に伴う影響度を累積する．

☑ Point　**ライフサイクルメンテナンスマネジメントの評価**

ライフサイクルの各段階において，それぞれに適した個別指標に基づいて評価を行う．ライフサイクルを通じた全体指標の評価には，ライフサイクルシミュレーションを活用する．

7.3 ライフサイクルメンテナンスマネジメントの具体例

ここでは，ライフサイクルメンテナンスマネジメントの具体的な課題例を示す．ライフサイクルの初期（BoL）における例として物流設備における最適点検計画を，中期（MoL）における例として石油精製設備における運転とメンテナンスの統合計画を，後期（EoL）における例としてビル空調設備のメンテナンスと更新の統合計画を示す．

7.3.1 最適点検計画

5.2 節で述べたように，寿命のばらつきが小さい劣化・故障に対しては TBM が効率的だが，そのような条件に合う劣化・故障はあまり多くない．同じ製品・設備の構成要素であっても，運転負荷や使用環境の違いで劣化進展速度が異なり，処置が必要な時期もばらつくことが多い．このような場合は，個々のアイテムの状態に応じて処置の要否を判断するCBMが適していることはすでに指摘したとおりである．しかしそのためには，アイテムの状態を把握する点検あるいは監視が必要となる．

センサは通常，特定の劣化・故障しか検知できないため，様々な劣化・故障を検知するには多数のセンサが必要となる．一方，人は五感をはたらかせて一度に多くの項目を点検できることから，従来から点検作業の多くは人に頼っていた．

しかし，近年の人手不足が自動化設備の導入を促した結果，メンテナンスすべき対象が増加し，点検作業員が不足するという状況が起きている．このため，点検作業の効率化が強く求められるようになっている．また，IoT技術の発達によって，センサ，センサデータを収集するための無線を含めたネットワーク，異常識別のための信号処理ソフトウェアなどが充実してきていることから，それらを活用したCBM導入が盛んに試みられるようになっている．

ただし，すべての劣化・故障をセンサによって検知しようとすることは技術的にもコスト的にも適切とはいえない．このため，点検対象である劣化・故障のどれに対してセンサを適用し，どれを人が点検するのかといったことを適切に選択するための点検計画が重要となる．

(1) 最適点検計画の基本的考え方

点検計画においては，点検方法と点検時期の決定を行う．第5章で説明した基本メンテナンス計画では，点検方法については，図5.4に示した劣化・故障関連図を基に選択し，点検周期については，劣化・故障の進展パターンに基づいて決定するとした．ここでは，これらの決定を評価指標に基づいて定量的に行うことを考える．そのためには，以下の5項目の考慮が必要となる．

(1) t_D, t_Fの分布の推定：

図3.5に示した劣化・故障の進展パターンにおいて，正常期から兆候期，兆候期から故障期に移行する時期t_D, t_Fは確率的にばらつくために（ばらつきが少なければCBMよりTBMが推奨される），適切な時期，すなわち兆候期に点検を行える確率を求めるためには，t_D, t_Fの分布を推定する必要がある．

(2) 点検方法ごとの検知確率の推定：

点検方法は，以下の三つに大別できる．

- 人の五感による巡回点検
- 振動計などの携帯型の測定機器を使用した巡回点検
- 常設のモニタリング機器を用いた状態監視

これらの点検方法について，劣化・故障が発生している条件下で，それを検知できる確率を求める必要がある．これは使用する機器によっても異なる．ただし，それらを定量的に算出できるだけのデータがそろっていることは少ない．そのため，多くの場合，たとえば表4.4に示したFMEAにおける検出の困難さのように，定性的な評価によって見積もることになる．

また，誤報，すなわち実際には異常がないにもかかわらず，異常であると判断することは，それだけ点検の費用や効果に悪影響を及ぼすことから，それも考慮する必要がある．このために，劣化・故障が発生していないという条件下で，劣化・故障と判断してしまう確率を求める必要があるが，これも，定量的に算出できるだけのデータがそろっていることは少なく，定性的な評価によって見積もる必要があることが多い．

(3) 目的関数の設定と最適化手法の選択：

点検対象となる個々の劣化・故障ごとに点検方法を決めていくのであれば比較的容易に計画立案が可能である．しかしそれだと，たとえば携帯型の振動計を1台導入すれば複数項目の点検に適用でき，効率化できるといったことが考慮できない．このような点検方法の共通化による効率化を考慮するためには，点検対象と点検方法の組み合わせを考える必要がある．一般にこの組み合わせ数は膨大になる．その中から適切な組み合わせを選択するためには，目的関数（最大化または最小化する評価指標）を設定し，組み合わせ最適化問題とよばれる問題を解く必要があり，コンピュータを用いた様々な解法が提案されている．代表的な近似最適化手法としては，遺伝的アルゴリズム（GA：Genetic Algorithm）や，焼きなまし法（SA：Simulated Annealing）などがある[98]．

(4) 点検時期の調節：

点検時期についても，点検対象となる劣化・故障ごとに決めると，点検時期がばらばらになったり，特定の時期に集中して非効率になったりする可能性がある．そこで，現場への出張回数や段取りの回数を削減するとともに，作業負荷の平準化も考えて，個々の点検時期を前倒しまたは後ろ倒しして，点検時期を集約したり，負荷を平準化したりすることを考える必要がある．

この場合，点検の集約や平準化で作業の効率化が図れる一方，兆候が現れる前に無駄な点検を実施することになったり，点検前に故障が発生してしまう確率が高まったりといったデメリットも考慮する必要がある．したがって，ここでも(3)と同様の最適化手法を適用して，目的関数を最大化するような点検時期の調節が必要である．

(5) 点検計画の改訂：

ライフサイクルの初期段階の点検計画においては，データが不十分で，劣化・故障の発生の時間分布などが不正確なことが多い．しかし，たとえ正確ではなくても，まずは安全側に見積もったうえで計画を策定し，実際の運用を通じてデータを蓄積することで，点検計画に必要なパラメータの推定精度を上げ，適宜，点検計画を改訂していくというアプローチが望ましい．

ただし，あまり頻繁に点検方法を変更すると現場の混乱を招く可能性があり，導入したセンサシステムや測定機器を無駄にするのも望ましくない．そのため，点検計画にかかわる主要なパラメータが有意に変化したときに，点検計画の改訂を行うことが望ましい．

(2) 物流施設への適用例

以下では，搬送用コンベア，仕分け用ソータなど，28 種類，91 台の設備がある物流施設を対象に点検計画を作成した事例を示す．

(1) t_D, t_F の分布の推定：

この施設では，年 2 回の人手による点検が行われている．点検時には，各点検箇所の状態が，○，△，×の 3 段階で定性的に評価され，その結果が点検記録として残されている．そこで，図 7.4 に示すように，アイテムの使用開始から，点検による状態の判定が○から△に変わるまでの期間を劣化兆候発生までの時間，状態が△もしくは×から○に変わった時点を交換等の処置を行った時期と考え，使用開始から処置までの時間を近似的に故障時間とみなすことにした．さらに，設備の稼働率と搬送速度および 1 日あたりの施設稼働時間の積により，劣化兆候発生もしくは故障発生までの設備の累積走行距離を算出し，これを各アイテムの劣化進展に影響する設備の累積負荷量とした．そのうえで，累積ハザード法に基づき，劣化兆候発生までと故障発生までの累積負荷量に関するワイブル分布のパラメータを推定した．

点検年月	稼働開始からの経過月数	ベルトコンベア	
		平ベルト	…
1999年　10月	40	○	…
⋮	⋮	⋮	⋮
2004年　10月	100	○	…
2月	104	△	…
2005年　6月	108	△	…
7月	109	△	…
6月	120	△	…
2006年　7月	121	△	…
11月	125	△	…
5月	131	△	…
2007年　10月	136	○	…
11月	137	○	…
2008年　5月	143	○	…
⋮	⋮	⋮	⋮

兆候発生までの時間
処置までの時間

図7.4　点検記録による t_D, t_F の分布の推定

(2) 点検方法ごとの検知確率の推定：

携帯型の測定機器は，振動計，騒音計，温度計を，モニタリング用のセンサは，光電センサ，リミットスイッチ，振動センサ，温度センサ，画像センサを想定した．これらの，検知・誤報の確率については，よりどころとなるデータが得られなかったため，メンテナンスサービス会社の経験値に基づき推定した．なお，人による点検では，適切な時期に点検を行う場合は検知確率が100%であると仮定した．

(3) 目的関数の設定と最適化手法の選択：

目的関数は，費用対効果とした．費用は，携帯型の測定機器や常時監視システムの導入コスト，および点検作業にかかる人件費などの合計から計算した．効果は，創出価値が稼働時間に比例するとして，すべて事後保全と仮定した場合より設備の停止時間を削減できる量とした．点検で生じる効果は，その点検結果によって異なる．故障兆候を検知できた場合は，その確認や処置を，もともと運転予定がない生産休止時などを選んで行うことができるため，検知できずに事後保全となる場合より停止時間を削減できる．誤報の場合は，劣化・故障の発生がないことを確認する作業にかかわる費用や停止時

間が生じる場合がある．点検結果ごとの効果に，(2)で見積もったそれぞれの確率を乗じて足し合わせることで効果が求められる．

メンテナンスデータは 19 年分存在したため，最初の 9 年分を使用して，GA により初期点検計画を策定した．点検時期の調整には，近傍探索に向いている SA を適用した．評価期間は 20 年間とした．

表 7.1 に, 従来方法としてすべて人手により点検を行った場合と, 提案手法によって策定した初期点検計画との比較を示す．費用と停止時間は評価期間中の累積値を示している．初期点検計画では，従来の人手による点検方法と比較すると，人件費が約 97%削減され，その結果，総点検費用も大幅に削減されている．

表 7.1　人手による点検と初期点検計画の比較

項目		人手による点検	初期点検計画
総点検費用［円］		14,580,000	1,258,500
内訳	人件費	14,580,000	388,500
	点検・モニタリング機器	0	870,000
設備停止時間［分］		42,624	91,952
内訳	点検による停止時間	38,405	1,261
	故障による停止時間	4,219	90,691
費用対効果［分/円］		0.012	0.106

一方，停止時間については，点検のための時間は削減されているが，故障による停止時間は人手による点検のほうがはるかに少なくなっている．これは，人手による点検作業の検知精度をどのモニタリング機器よりも高く設定していることと，対象施設内の設備の稼働条件では，年 2 回の点検頻度であれば，95%以上の確率で兆候期に点検ができることから，ほぼすべての劣化・故障の兆候が検知できるとしたためである．しかし，費用対効果を見ると，設備の故障停止時間の削減より人件費削減による総点検費用の低下が効いて，初期点検計画のほうが人手による点検より高い評価値となっている．

次に，初期点検計画と改訂点検計画との比較を表 7.2 に示す．改訂点検計画では，19 年間全体のデータを使用して求めたワイブルパラメータを用いた．近似最適化のアルゴリズムには，初期点検計画から大きく外れないように，初期点検計画を初期解とした SA を適用した．表 7.2 では，初期点検計画についても改訂したパラメータ値を用いて各評価値を計算しているために，表 7.1 とは若干異なった値となっている．改訂計画では，モニタリング機器の導入費用と設備停止時間が減少し，その

表7.2　初期点検計画と改訂点検計画の比較

項目		初期点検計画	改訂点検計画
総点検費用［円］		1,248,000	1,150,000
内訳	人件費	296,000	296,000
	点検・モニタリング機器	952,000	854,000
設備停止時間［分］		79,185	75,139
内訳	点検による停止時間	1,382	1,382
	故障による停止時間	77,803	73,757
費用対効果［分/円］		0.106	0.112

結果，費用対効果の値が改善している．

なお，以上の例では，費用対効果によって点検計画の評価を行ったが，評価指標は対象施設の特性に応じて設定する必要がある．たとえば，24時間365日稼働しなければならない施設では，故障停止の影響が大きいために，設備の故障停止時間の削減が最重要事項となる．この場合は，点検費用を制約条件としたうえで，設備の故障停止時間の期待値の最小化を図ったほうがニーズに合った点検計画となる．一方，人員削減が第一の目標であれば，設備の停止時間や点検費用の制約の下で，必要人員の最小化を図ることになる．

7.3.2 O&M統合計画

図5.11に示したように，運転とメンテナンスの間にはスケジュールと製品・設備の状態を介したトレードオフの関係がある．これはO&M（Operation and Maintenance）問題とよばれている[99]．5.7節で触れたように，O&Mは，予防保全活動などに伴う運転停止で生じる創出価値影響が大きい，生産工場や発電施設などで重要な課題となる．このようなO&Mのトレードオフ問題が顕著に現われる代表的な例としては，次のような場合が挙げられる．

- メンテナンス実施のためのオーバヘッドがきわめて大きい場合：たとえば，加熱炉のように停止・再起動だけで何日間も要するものや，洋上風力発電設備のように，メンテナンス作業実施にアクセス船などの特殊設備を要し，大きな費用がかかるようなものが該当する．
- 頻繁なメンテナンスが必要で，メンテナンス実施の影響も大きい場合：たとえば，食品や飲料製造における定置洗浄（CIP：Cleaning in Place）や定置滅菌（SIP：Sterilization in Place）などが該当する．食品や飲料製造においては，衛生状態の維持や製品の切り替えのために，定期的な CIP や SIP が必要とされる．そのためには，製造をいったん中断して，薬品や蒸気を装置に注入する必要があり，時間や材料ロスが大きい．

O&M 問題においては，いつ点検・処置などのメンテナンス作業を行うのかが主要な問題となる．具体的には，運転を止めてメンテナンスを行う，いわゆるシャットダウンメンテナンス（SDM）の間隔を決定するとともに，停止影響を少なくするために運転負荷を考慮して実施時期を決定することも必要である．

なお，O&M 統合計画においては，メンテナンス時期を最適化するだけではなく，設備の状態に応じて運転条件を変化させる場合があり，CBO（Condition Based Operation）とよばれる[100]．たとえば，工具の摩耗状態に応じて切削速度を調整したり，触媒の効力低下に応じて反応炉の温度を上げたりする場合が該当する．

O&M 統合計画は，製品・設備の運用の変化に合わせて立案する必要があることから，ライフサイクル中期における代表的な課題といえる．

(1) O&M 統合計画の策定

O&M 統合計画は，基本的には，図 5.3 に示した基本メンテナンス計画における周期の決定に対応する問題であり，その基本構造は図 7.5 のように捉えることができる．図の横軸は，メンテナンス周期を示し，右側ほどメンテナンス重視，左側ほど運転重視であることを示している．破線は劣化・故障が運転に与える影響度であり，運転による創出価値が劣化・故障により阻害される度合いを示している．一方，一点鎖線は予防保全実施による影響度で，予防保全のための点検・処置コストやその実施に伴う運転停止による創出価値の減少を表している．両者の和が最小になる

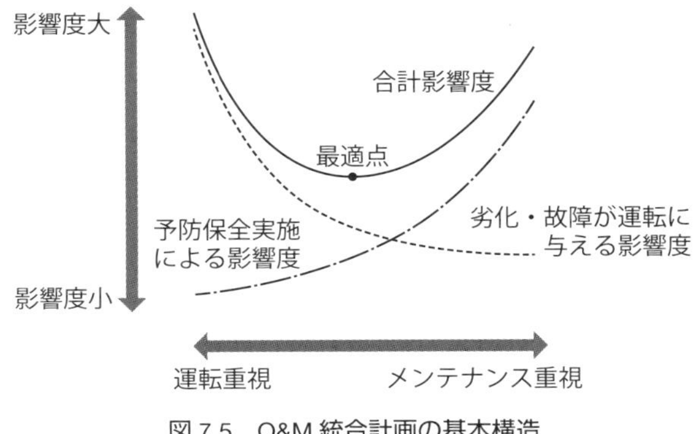

図 7.5 O&M 統合計画の基本構造

ように運転とメンテナンスの計画を立案するのがO&M統合計画の基本となる．運転とメンテナンスの相互関係には様々なパターンがあり得るため，計画においては両者のトレードオフ関係を適切にモデル化しなければならない．また，以下の点を明らかにしておく必要がある．

- 製品・設備停止を要する点検，処置項目
- 製品・設備の運転で実行されるプロセスと，それらの処理効率や品質などと製品・設備状態との関係
- いったん発生すると甚大な影響を及ぼす劣化・故障モードに対する許容リスク

(2) 重油直接脱硫装置への適用例[55]

ここでは，具体的な事例として，重油直接脱硫装置のO&M統合計画を取り上げる．重油直接脱硫装置は石油精製プラントに設置され，図7.6に示すように水素を加えた重油を加熱炉で高温にし，反応塔で触媒を用いて分解・脱硫することで重油中の硫黄分を低下させる装置である．考慮する劣化・故障モード，影響度の評価項目と許容リスクの設定は，次のようになる．

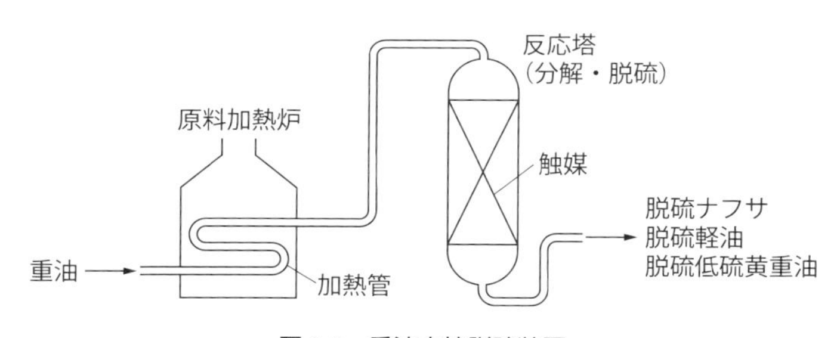

図7.6　重油直接脱硫装置

(1) 劣化・故障モード：

加熱炉では，バーナによる燃焼で，加熱管の内部を流れる重油を加熱する．運転を続けると加熱管内壁にコークが付着し，その断熱作用により，内部流体温度が低下し収率が減少する．また，運転時間の増加と共に触媒効力も低下し，これも収率減少の原因になる．そのため，必要な収率を確保するために，図7.7に示すようにバーナによる加熱温度を上昇させる必要がある．しかし，加熱管の外部表面の温度を上昇させるとクリープ損傷の進行が加速し加熱管の寿命を縮める．また，高温下では，加熱管内壁に堆積したコークが管内壁を侵食するメタルダスティングとよばれる現象による管の減肉が進行

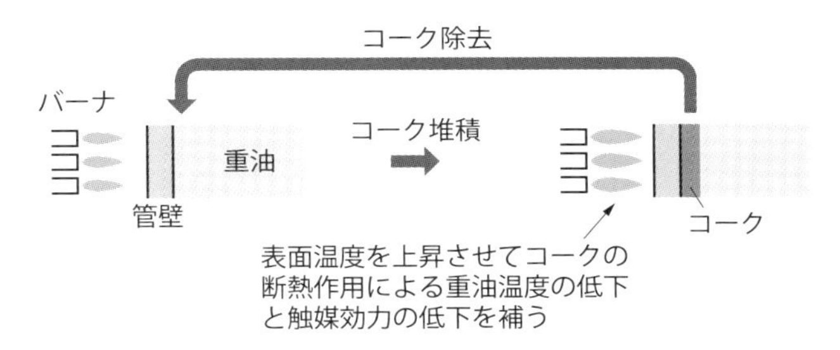

図 7.7　加熱によるコークの堆積と除去作業

する．このため，コークがある程度堆積するごとに加熱炉を停止してコークの除去作業（デコーキングとよばれる）を行う必要がある．

その他の劣化・故障モードとして，炉壁のレンガの脱落，バーナタイルの破損，バーナチップの詰まりを考慮する．これらの劣化・故障モードのモデル化方法と現行の管理方法を表 7.3 に示す．劣化進展モデルに関しては，触媒効力の低下は実際の運転データに対して区分線形近似をした．コーキングとそれによる断熱作用，およびメタルダスティングによる減肉は，確立したモデルやデータが得られなかったために，累積生産量に比例すると仮定した．また，高温クリープについては，Manson-Haferd の寿命推定式を用いた[101]．推定式のパラメータ値は，物質・材料研究機構の SUS347 のデータを適用した[102]．

(2) 影響度の評価項目と許容リスクの設定：

影響度は，5.5.2 項で述べたように，製品・設備影響，創出価値影響，外部影響に分類される．この分類に基づいて本事例で考慮する影響項目を展開したのが図 7.8 である．

表 7.3　想定する劣化・故障モードのモデル化方法と管理方法

<table>
<tr><th>劣化・故障モード</th><th>劣化・故障モデル</th><th>管理状態量</th><th>保全方式</th><th>処置</th><th>点検時期</th><th>処置時期</th></tr>
<tr><td>触媒効力低下</td><td rowspan="4">劣化進展モデル</td><td>生産量</td><td>TBM</td><td>交換</td><td>—</td><td rowspan="6">停止時</td></tr>
<tr><td>加熱管コーキング</td><td>コーク堆積厚</td><td rowspan="4">CBM</td><td>清掃</td><td rowspan="4">停止時</td></tr>
<tr><td>加熱管高温クリープ</td><td>寿命消耗率</td><td rowspan="2">交換</td></tr>
<tr><td>加熱管メタルダスティング</td><td>減肉率</td></tr>
<tr><td>炉壁レンガ脱落</td><td rowspan="3">ワイブル分布</td><td>レンガの傾き</td><td rowspan="2">補修</td></tr>
<tr><td>バーナタイル破損</td><td rowspan="2">総運転時間</td><td rowspan="2">TBM</td><td rowspan="2">—</td></tr>
<tr><td>バーナチップ詰まり</td><td>交換</td><td>運転中</td></tr>
</table>

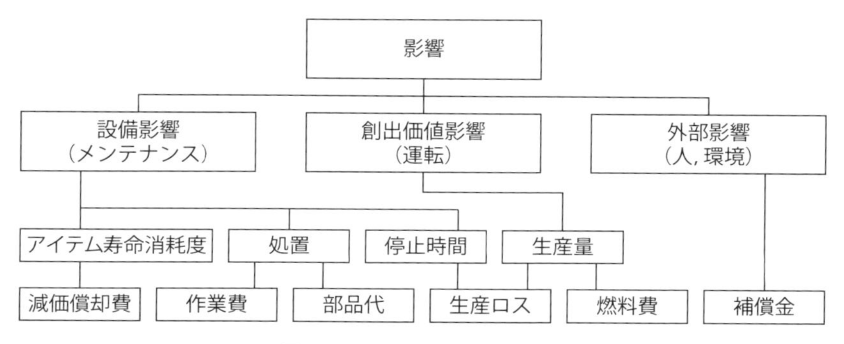

図 7.8　影響度評価項目の展開

加熱管のクリープ損傷については，運転条件に依存して進行度合いが変化する．そこで，ある条件で運転を継続したときの破断までの時間を，その運転条件における寿命とし，Manson–Haferd の寿命推定式より求める．その寿命に対して，その条件で実際に運転した時間割合を寿命消費率と定義し，期ごとの加熱管の償却費は，期ごとの寿命消費率に比例するものとする．

また，加熱管のクリープ破断は甚大な損害を招くことから，そのリスクを抑えるために最大許容寿命消費率を設定する．具体的には，図 7.9 に示すように，Manson–Haferd 式による推定寿命のばらつきが正規分布に従うとして，破断確率が 0.0001/月以下になるよう，寿命消費率を 81.27%以下に管理するとした．

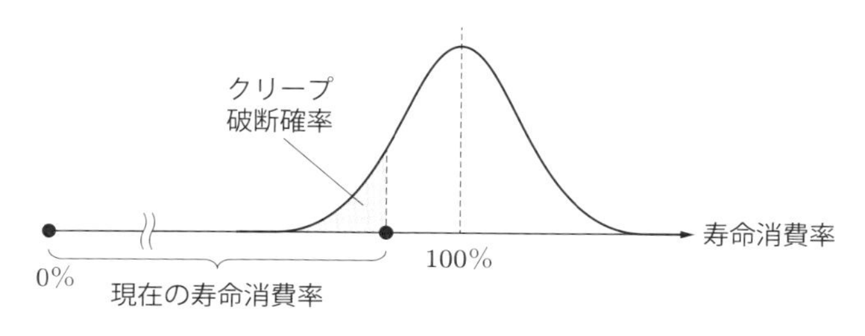

図 7.9　クリープ破断確率の評価

O&M 統合計画に関するパラメータは多数あるために，それらのすべての組み合わせを評価することは困難である．そこで，この事例では以下の前提の下で評価した．

- 今回検討に含める表 7.3 に示した劣化・故障モードのメンテナンス方式は，表に記載の現行方式とする．

- すべてのメンテナンス活動は，一定周期で行うシャットダウンメンテナンス（SDM）期間中に行うものとする．ただし，加熱管の破裂のリスクを考慮して，デコーキングは必要に応じて SDM 期間以外でも行うものとする．
- SDM の周期は，10～21 か月の間で変化させる．SDM 周期の上限は，触媒の効力低下による加熱管の寿命消耗率の増加を考慮して決定した（触媒の交換は SDM ごとに行う）．
- バーナの異常に関する TBM の周期は 8～35 か月の間で変化させた．
- 1 か月の生産量は 4800～6400 kL の間で変化させた．

以上の条件の下で，モンテカルロ法[103] を用いた LCS によって影響項目の評価を行った．1 期を 1 か月とし，シミュレーションでは月ごとの影響度を求め，評価期間中の累積影響度を計算した．

まず，月ごとの生産量を，その期の生産損失（目標生産量 6440 kL との差）と加熱管の寿命消費率の増分に対応した償却費の和が最小になるように設定する．次に，表 7.3 に掲げた劣化・故障モードごとに，予防保全および事後保全がその月に発生するかどうかを判断する．劣化進展モデルが与えられている場合は，運転負荷による状態量の変化を評価し，予防保全条件または故障発生条件を超えているかを判定する．故障分布が与えられている場合は，分布に従って乱数を発生させ，故障発生の有無を判断する．故障が発生していると判断された劣化・故障モードについては，事後保全影響度を累積影響度に加える．故障が発生していない場合，予防保全の実施条件を満たしているかを確認し，満たしている場合は TBM または CBM の実施に伴う影響度を加える．さらに，生産量と運転条件に応じて，生産損失と運転コスト（燃料費等）を加える．

以上の LCS を全計画候補について行い，適切な O&M 統合計画を選択する．なお，モンテカルロシミュレーションは，乱数に基づいているために，安定した結果を得るためには相当数の繰り返しが必要である．この事例では，1000 回のシミュレーションを繰り返し，平均値を結果とした．

評価結果として，図 7.10 に，SDM 周期を変化させたときの期待影響度と限界利益の変化を示す．また，図 7.11 に，加熱管の寿命と総保有リスクの変化を示す．

図 7.10 からわかるように，おもな影響は生産損失と加熱管の寿命消耗である．メンテナンスを重視し SDM サイクルを短くすると生産損失が増加し，生産を重視して SDM 周期を長くすると加熱管の寿命消耗と事後保全コストが増加する傾向にある．

期待影響度は SDM 周期が 15 か月のときに最小となっている．またこのとき，

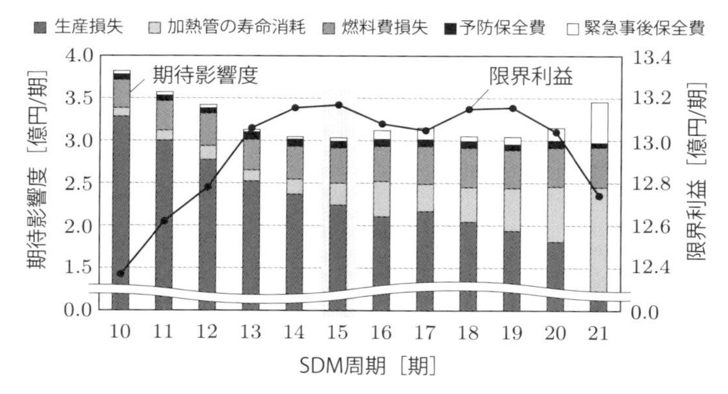

図 7.10　SDM 周期の変化と期待影響度・限界利益の変化

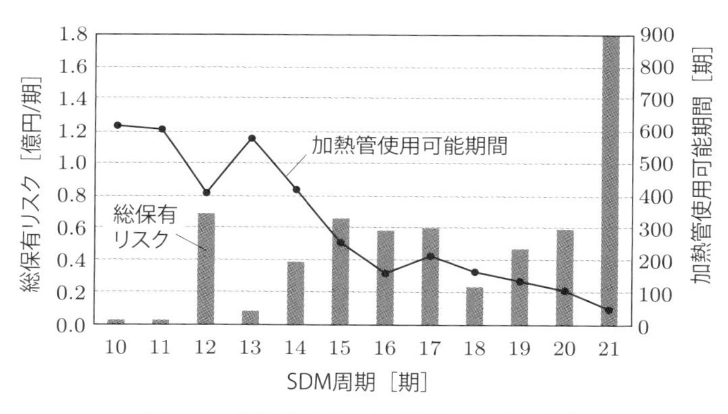

図 7.11　加熱管の寿命と総保有リスクの変化

限界利益も最大値をとっている．

図 7.11 からは，SDM 周期が長くなると，加熱管の寿命が短くなり保有リスクが増加することがわかる．SDM 周期が 12 か月と 13 か月で保有リスクも加熱管の寿命も大きく変化しているのは，デコーキングの実施回数の違いによるものと考えられる．SDM 周期が 12 か月のときは 3 回の SDM に 1 回のデコーキングを行っているが，13 か月のときは，2 回の SDM に 1 回のデコーキングを実施しており，13 か月のときのほうがより頻繁にデコーキングを実施しているためと考えられる．今回は，SDM を一定周期で実施するという条件で評価を行ったが，上記の結果を考えると，SDM 周期を一定にせずに，加熱管の状態に応じて時期を調節するほうが，よりよい結果が得られる可能性があると考えられる．

7.3.3　メンテナンスと更新の統合計画

製品・設備は複数の要素からなる階層構造をもつことが多い．製品・設備に異常が発生した場合，その原因は複数の要素が一体となったモジュールの一つにあり，さらにその原因はモジュールの特定の部位にあるといったことが一般的である．このような場合の対処方法としては，図7.12に示すように，モジュールの一部に発生した不具合を修復するか，モジュールごと替えてしまうか，あるいは，製品・設備全体を替えてしまうといった選択肢が考えられる．モジュールの観点からは，モジュールの修復はメンテナンスであり，モジュールの交換は更新である．一方，製品・設備から見れば，モジュールの交換もメンテナンスといえる．このように，メンテナンスと更新は同じ事柄の異なる側面にすぎない．したがって，アイテムの状態や運転条件等に応じてこれらの選択肢を比較検討し，適切な対処方法を選択する必要がある．

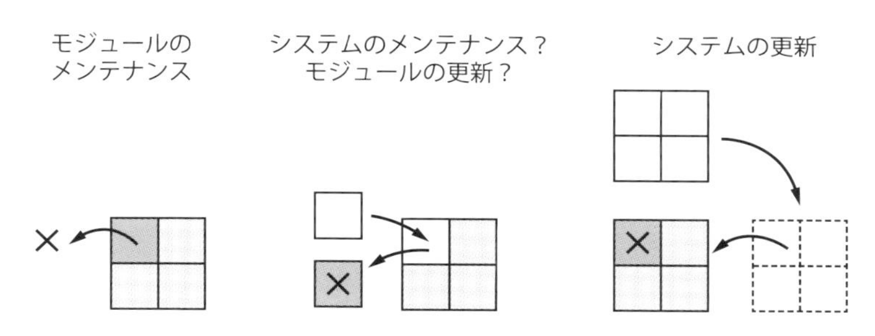

図7.12　更新とメンテナンス

このような意思決定を要する場面は，日常でもしばしば発生する．たとえば，数年間使用した冷蔵庫が故障し，修理費用によってはむしろ買い替えたほうがよいだろうかと考える．メンテナンスと更新の統合計画とは，このような場面での意思決定を合理的に行うことを目指すものである．

ここでは，意思決定が必要になる場面として，以下を考える．

- 故障が発生した場合
- 点検により故障兆候が認められた場合
- アイテムの推奨交換時期がきた場合

以上のような場合における意思決定の選択肢としては，以下が考えられる．

- 故障の原因となっている最下位階層アイテムを特定し，補修，交換などのメンテナンス処置を行う

- 原因となっているアイテムより上位階層のアイテムを更新する
- 処置しない（冗長システムの場合はこのような選択肢も考えられる）

これらの選択肢には，図 7.13 に示すようにそれぞれ得失がある．意思決定時点における最適な選択肢とは，その選択肢を選んだとき，その後に発生する故障影響，運転コスト，メンテナンスコスト，更新コストなどから計算される影響度の期待値（期待影響度）が最小になるものである．以下では，この期待影響度の計算法について説明する．

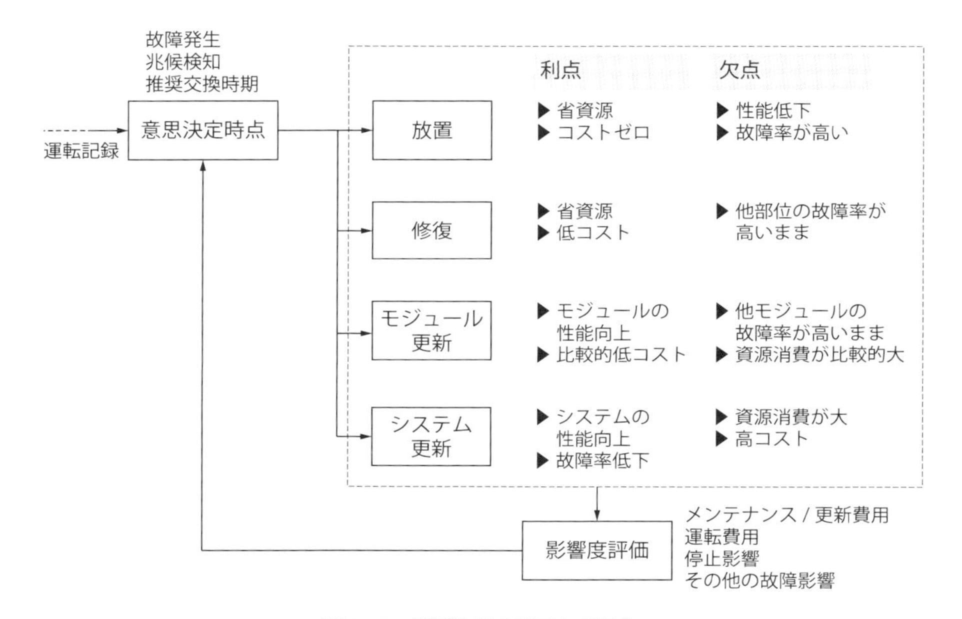

図 7.13　意思決定内容ごとの得失

(1) 期待影響度の計算法

5.5.2 項で述べた基本メンテナンス計画における影響度評価では，対象とする劣化・故障が発生した場合の直接的影響までの評価を行っている．一方，メンテナンスと更新の統合計画における期待影響度の計算においては，とられた処置内容の結果や，将来起こり得る事象をすべて考慮する必要があるため，大規模な計算を要する問題となる．このような問題に対しては種々の方法が提案されているが[104, 105]，ここでは図 7.14 に示すような決定木に基づく方法を用いる[106]．

意思決定は，定期点検時点で行うとする．これを図中では矩形で示し，意思決定

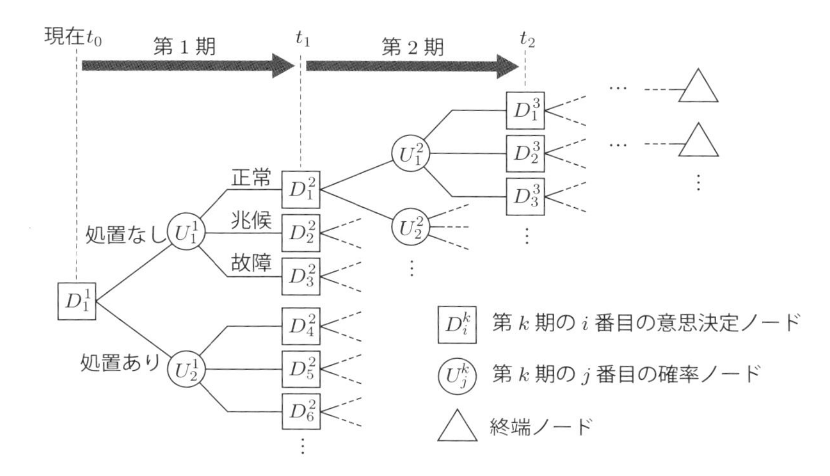

図 7.14　決定木に基づく期待影響度の計算

ノードとよぶ．最下位階層アイテムに対する意思決定の内容は，交換などによる修復か放置のいずれかになる．隣接する二つの意思決定ノードの間を1期とし，意思決定は期首で行われるとする．また，期内での故障の発生は確率的に生じるとする．このような確率事象を，図中では円形の確率ノードで示す．k期における故障確率は，期首t_{k-1}時点までの運転負荷，k期中の稼働による運転負荷，その期の点検結果，および意思決定内容に基づいて推定する．なお，計算の便宜上，故障は期末に発生すると仮定する．

図では，現在t_0時点にあり，意思決定ノードD_1^1において「処置なし」か「処置あり」のどちらかを選ぶことを想定している．意思決定においては，現時点から終端ノードまでの期間で発生する期待影響度が小さい選択肢が選ばれる．期待影響度の計算においては，まず終端ノードまでの評価期間のすべての期における意思決定内容の組み合わせを考える．ここでは，これをシナリオとよぶ．非常に多くのシナリオが存在するが，その一つひとつに対して，1期から最終期までに発生する影響度の累積値を推定する．その中で最小値を与えるシナリオにおいて定められるD_1^1における意思決定内容を，最適選択肢とする．各シナリオにおける期待影響度の計算においては，確率ノードでの正常，兆候発生，故障発生の確率を考慮する．たとえば，D_1^1において「処置なし」を選択するシナリオの場合の期待影響度は次式で表せる．

$$^{p}e_1^1 = \varDelta^{p}e_1^1 + \mathrm{Pr}_{1,\,N}^1 \times {}^{p}e_1^2 + \mathrm{Pr}_{1,\,S}^1 \times {}^{p}e_2^2 + \mathrm{Pr}_{1,\,F}^1 \times {}^{p}e_3^2 \tag{7.1}$$

ここで，${}^{p}e_i^k$ はシナリオ p の下での k 期における i 番目の意思決定ノードによる選択でそれ以降に発生する期待影響度を表している．一方，$\Delta^{p}e_i^k$ は k 期における i 番目の意思決定ノードによる選択でその期に発生する期待影響度を表している．また，${}^{p}\mathrm{Pr}_{j,\,N}^k$, ${}^{p}\mathrm{Pr}_{j,\,S}^k$, ${}^{p}\mathrm{Pr}_{j,\,F}^k$ は，それぞれシナリオ p の下での k 期における j 番目の確率ノードにおける正常，兆候発生，および故障発生の確率を表している．

1期においては，シナリオによって「処置なし」か「処置あり」かのどちらかが選択されるため，考慮しなければならない確率ノードは U_1^1 か U_2^1 のどちらかになり，期待影響度の計算はたとえば処置なしの場合，式(7.1)のようになる．しかし，2期以降については，考慮しなければならない意思決定ノードが複数になる．たとえば，1期で処置なしを選択した場合でも，図からわかるように考慮しなければならない意思決定ノードは D_1^2, D_2^2, D_3^2 の三つになり，それぞれについて式(7.1)のような計算をする必要がある．

ここまでは，最下位階層アイテムに対する意思決定について述べたが，階層構造をもつ製品・設備の場合は，決定木を階層ごとに作成する．ただし，故障は最下位階層アイテムの異常によって発生すると考えられるので，確率ノードは最下位階層アイテムに対してのみ定義し，上位階層アイテムに対しては，更新するかどうかの意思決定ノードのみを定義する．

なお，上位階層アイテムに関する影響度を評価する場合は，下位階層アイテムの機能補完関係を考慮する必要がある．たとえば空調機の場合，負荷が少なければ，1系統に複数ある室外機のいずれかが故障しても，空調機能への影響はない．

最上位アイテムの更新までを考えた場合，評価期間は，少なくともその寿命以上にとる必要があり，評価すべきシナリオの数は膨大なものとなる．そのため，全数を計算することは事実上不可能になるため，焼きなまし法や遺伝的アルゴリズムなどの近似最適化手法を用いた計算が必要となる．

(2) ビル空調設備への適用例[106]

地上5階建ての商業用ビルに設置されたビル用マルチエアコンを対象とし，メンテナンスと更新の統合計画を策定した．対象ビルに設置されているマルチエアコンは，複数の系統から構成され，それぞれ一定のエリアの空調を担っている．各系統は複数の室外機と室内機により構成されていて,それらは機能的に補完関係にある．各室外機は1台のインバータ圧縮機と1台から3台の定速圧縮機をもち，気温やエリア内のテナントでの負荷に応じて運転される．最上位階層を系統，その下の階層を室外機とする．最下位階層は，室外機を構成する主要なアイテムであり，室外機故障のおもな原因となっているインバータ圧縮機とする．

期待影響度の計算は，以下のように行った．意思決定ノードにおける選択肢としては，インバータ圧縮機，室外機，あるいは系統全体を，交換するかしないかを考える．

確率ノードで考慮する不確実性は，マルチエアコンの故障の大半を占めるインバータ圧縮機の故障確率と，故障兆候検知による予防保全の成功確率を考える．インバータ圧縮機の累積運転時間に対する故障確率は，竣工から 8 年間のメンテナンス記録と運転記録から累積ハザード法により推定した．圧縮機の故障兆候は，電流値，周波数，運転時間，冷媒の高圧圧力，室外機の運転モード，および運転時の外気温の 6 項目を用いて計算したマハラノビス距離から判定した．

影響項目としては．メンテナンスコスト，運転コスト，サービス停止コスト†を考慮した．技術進歩による省エネ度の向上は，過去の実績に基づいて年率 1%を仮定した．一方，使用に伴う劣化による効率低下は，過去の運用データに基づき年率 2.5%とした．

期待影響度が最小になる各期の意思決定シナリオの探索には，焼きなまし法を用いた．ただし，階層構造をもつシステムの場合は，上位アイテムの更新によって下位アイテムのシナリオが大きく変更されてしまうために，多階層のシナリオをまとめて焼きなまし法で探索することは困難である．そこで，上位階層のシナリオを変更するごとに，そのシナリオの下での下位階層の最適シナリオを探索するといった多重ループによる探索を繰り返すことで近似最適解を求める方法をとった．

ビルの寿命を 40 年とし，日本冷凍空調工業会（JRAIA）の推奨更新時期に基づいて 15 年おきに系統を更新，8 年おきに圧縮機を交換した場合と，提案する手法を用いて，各時点での評価結果を基に意思決定していった場合のライフサイクルコスト（LCC）の比較を図 7.15 に示す．JRAIA 推奨更新期間に従う場合に比べ，提案手法に基づいて機器の運転状況に応じた処置を選択することにより，更新コストとメンテナンスコストのそれぞれ 54.2%および 50.0%を削減できるという計算結果になった．一方，機器の長期使用に伴う性能劣化の影響で，運転費用は 11.7%増加している．この結果，LCC 全体での削減率は 11.1%であった．

図 7.16 は，運転環境の違いが意思決定にどのように現れるのかを比較した結果

† 空調機が停止した場合，テナントに対して賃料の一定割合を払い戻すとしてサービス停止コストを見積もった．

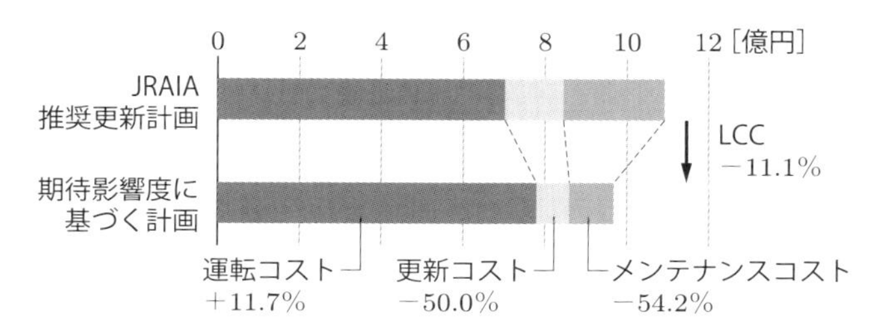

図 7.15　JRAIA 推奨更新計画と期待影響度に基づく計画の比較（LCC）

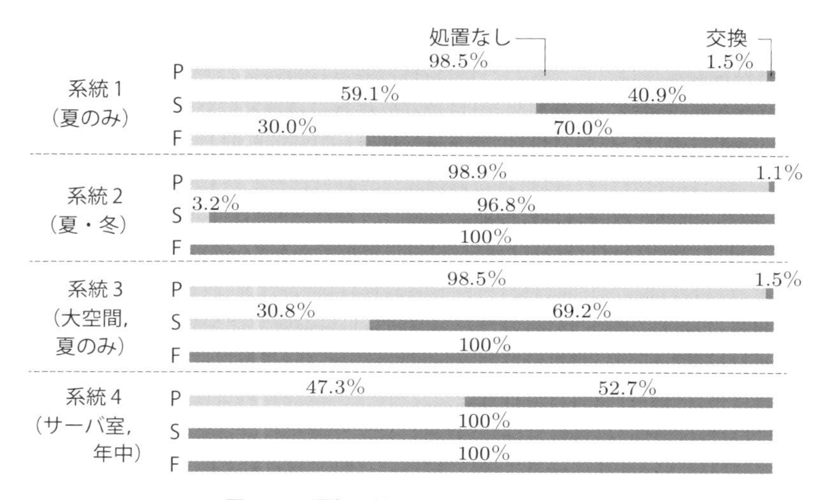

図 7.16　運転環境の違いと意思決定内容

である．図では，条件の異なる四つの系統について検討している．系統 1 は夏のみに負荷がある場合，系統 2 は夏冬どちらも負荷がある場合，系統 3 は夏のみに負荷があるが大空間の空調を担うために停止影響が系統 1，2 に比べて大きい場合を想定している．これらは，対象ビルに実際に設置されている系統に対応している．また，系統 4 は，サーバ室の空調で，停止影響が非常に大きい場合を想定している．この場合の故障影響は，文献の故障事例[107] を基に算定した．

図では，これらの各系統に対して，

- 推奨交換時期に達した場合（図中 P）
- 故障兆候を検知した場合（図中 S）
- 故障してしまった場合（図中 F）

について，処置なしとしてインバータ圧縮機を交換しなかった場合と交換した場合の選択割合を示している．

故障兆候検出時と故障発生時の対応を比較した場合，系統 2 より系統 1 のほうがより放置を選択する傾向にある．系統 1 は冬場の負荷が低いため，冬場の故障は負荷が高くなる夏場まで放置したほうがよいと判断されていると考えられる．系統 1 と系統 3 の比較でも，系統 3 のほうが交換をより多く選択する傾向にある．系統 3 の停止影響が系統 1 よりも大きいことが，故障の可能性を低減するために交換を行うことが多い理由と考えられる．また，系統 4 については，停止影響が非常に大きいことから，インバータ圧縮機の劣化が進み故障確率が高くなると，積極的に予防交換を行っている．以上の例から，メンテナンスと更新の統合計画手法を用いることで，対象アイテムの状態と運転状況に応じた意思決定が可能なことがわかる．

(3) 更新計画における資源・環境面の考慮

ここまでの議論では，主としてコスト面からの影響評価に基づいたメンテナンスと更新の統合計画方法を議論したが，ライフサイクルメンテナンスの観点からは，資源・環境面での考慮も重要である．製品・設備の長期使用は，資源効率の観点からは望ましいが，一方で，技術進歩による性能向上のメリットを享受できないことや，性能低下による使用段階の環境負荷の増大という負の側面もある．とくに空調設備のように，製造時の環境負荷より使用時の環境負荷のほうがはるかに大きい製品・設備の場合は，この観点は重要である．

このような問題に対するアプローチとしては，全体を更新するのではなく，性能に大きく影響するアイテムのみを更新する部分更新の考え方がある[108]．図 7.17 に

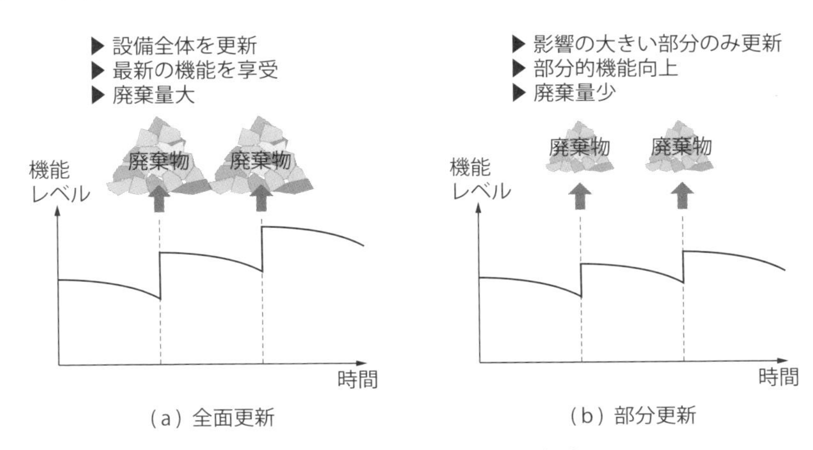

(a) 全面更新　(b) 部分更新

図 7.17　全面更新と部分更新の概念

部分更新を全面更新と比較した概念図を示す．

一例として，前節で取り上げたビル空調設備において，室外機全体の交換に対して，コンプレッサと制御基板のみを交換する部分更新の効果を，環境負荷（LC-CO_2 で評価する），資源消費量，および LCC の面から比較した．評価期間は多くのビルが建て替えられる 50 年とし，その間の省エネ性能の向上度合いと，使用に伴う劣化度合いは前述のとおり仮定した．ただし，部分更新の場合の省エネ効果は，全面更新の 75％と仮定した．

この事例の場合は，前項のようなシナリオの最適化は適用せずに，全面更新，部分更新とも，一定の周期で更新するシナリオの下で検討した．すなわち，全面更新と部分更新についてそれぞれ更新周期を変化させて資源消費量と LC-CO_2 を計算し，LCA の統合化手法である LIME2（日本版被害算定型影響評価手法）で統合した[109]．その結果，全面更新では 10 年，部分更新では 5 年が最適な更新周期となった．

図 7.18 は，10 年周期の全面更新と 5 年周期の部分更新について，50 年間の資源消費量と環境負荷を比較した結果である．部分更新では 1 回の更新あたりの資源消費量を抑えることができるため，更新周期が全面更新より短くなっても資源消費量は少なく抑えられている．また，部分更新のほうが新機種の省エネ性能向上をより頻繁に享受できるため，環境負荷も低く抑えることができている．図 7.19 では LCC を比較している．部分更新のほうが運転コスト，更新コストおよびメンテナンスコストとも低く抑えられている．運転コストは，省エネ性能に最も効果が高い圧縮機の更新周期が，部分更新のほうが短いためである．また，更新コストについては，更新周期が短くても更新する範囲が少ないために，部分更新のほうが低くなっている．メンテナンスコストについても，故障原因の大部分を占める圧縮機の交換周期が短いために部分更新の方が低くなっている．

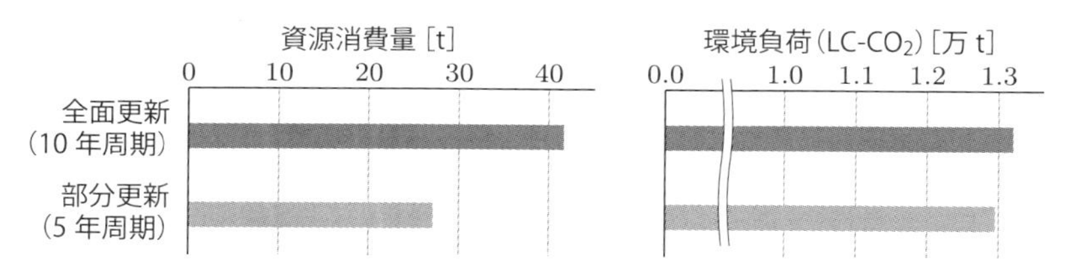

図 7.18　全面更新と部分更新の比較（資源消費量と環境負荷）

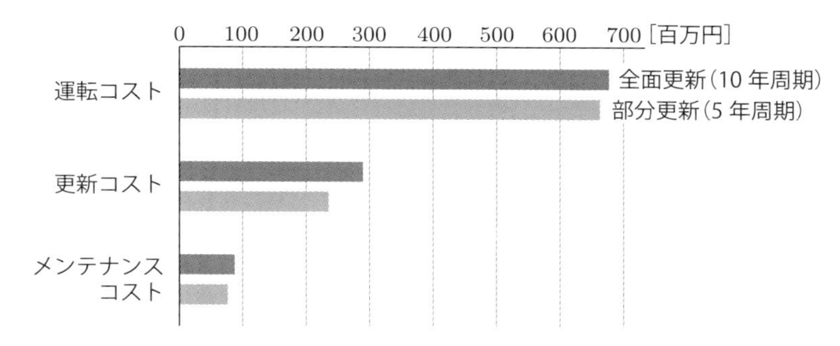

図7.19　全面更新と部分更新の比較（LCC）

8 TPM

1950年代の米国を中心とした信頼性工学の発展に伴って，時間基準保全に基づく予防保全の概念が確立されたことは第5章で述べた．一方，生産分野においては，メンテナンスは生産性向上の手段であるという考えから，生産保全（Productive Maintenance：PM）の概念が提唱された．

このPMを1961年頃から導入した日本電装株式会社（現・株式会社デンソー）が，「全員参加のPM」として1969年から始めた活動がTPM（Total Productive Maintenance）である．このTPM活動は大きな成果を上げ，1971年にプラントエンジニア協会（現・プラントメンテナンス協会）主催のPM優秀事業所賞（現・TPM優秀賞，PM賞）を受賞した．これをきっかけとして，TPMは様々な分野の製造業に普及していくとともに，PM賞自体もTPM活動を行う事業所を審査・表彰する制度となった．1990年代後半からは海外への普及も加速し，日本発のTPMは現在，世界中で知られるようになっている．

本章では，ライフサイクルメンテナンスに基づく生産性向上の観点から，TPMの基本概念と手法の概要を述べる．

8.1 TPMの基本理念

TPMの基本理念として挙げられている項目の中で，ライフサイクルメンテナンスマネジメントの観点からとくに重要と考えられるのは，以下の5項目である[110]．

(1) ロスゼロの追求：

生産効率化の第一歩はロス（無駄）の排除である．ここで大事なことは，何をロスと捉えるかである．TPMでは理想状態を定義し，それとの差をすべてロスと考える．現状に対して何%といった相対値でロスの量を捉えるのではなく，ロスを絶対値で捉え，それをゼロ化することを目指す．このような考え方に基づいた設備効率の指標としては，次節で述べる設備総合効率が広く知られている．

(2) あるべき姿の追求：

あるべき姿とは，設備が要求される機能を果たすために備えるべき条件をすべて満たしている状態のことである．故障や「チョコ停」の発生は，この条件から逸脱した状態である．チョコ停とは，供給部品の詰まりなどの一時的な設備停止のことで，作業者がその場で復旧可能な不具合である．そのため記録に残らないことが多いが，生産効率を阻害する大きな要因になる．

チョコ停の原因が設備側にある場合，光電センサの光軸ずれや，搬送ガイドの摩耗など，あるべき姿からのわずかな逸脱であることが多い．TPM では，これを微欠陥とよぶ．チョコ停は複数の微欠陥によって起こることも多いため，満たすべき条件を一つひとつ確認して，あるべき姿に復元することが必要とされる．

(3) 現場・現物・現実主義：

問題が発生したら，ただちにその現場に行き，現物を見て現象を確認したうえで適切な処置をとるという，一般に広く認められている行動指針である．TPM 活動の随所にこれは反映されている．たとえば，作業者が設備の運転のほか維持，管理にも責任をもつという自主保全が TPM の一つの柱になっている．清掃，給油，調整など，設備をあるべき姿に維持するための日常のメンテナンス作業は，設備の状態を最もよく把握している作業者が行うべきという考え方である．

(4) 見える化：

TPM では，アイテムの状態が一目で分かるようにする見える化に力を入れる．不具合や危険個所を発見した場合には，一目でわかるようにエフとよばれるタグを現物に付ける．また，エフを外すことで，対応処置が終了したことがわかる．そのほか，カバーを透明にしていちいち外さなくても点検できるようにしたり，制御盤の冷却ファンの出口に風車を付けて，一目で稼働がわかるようにしたりするのも，見える化の例である．

(5) 未然防止：

TPM では，予防保全により故障・チョコ停を未然防止し，計画外停止のゼロ化を目指す．また，BoL 段階における取り組みも，設備初期管理として TPM 活動の柱の一つである．過去に生じた不具合に関する情報を収集し，設備開発に活かす MP 設計や，様々な分野のメンバーが一堂に会して行うデザインレビューなどにより，故障しない，不良を出さない設備を開発する取り組みを行う.

8.2 16大ロスと設備総合効率

前節で述べたように，TPMの特徴の一つにロスの捉え方がある．TPMでは，生産現場におけるロスを図8.1に示すように16大ロスに分類している[110]．これらは，以下の4種類に大別される.

(1) 操業度を阻害するロス

(2) 設備効率を阻害する7大ロス

(3) 人の効率化を阻害する5大ロス

(4) 原単位の効率化を阻害する3大ロス

これらのうち，(2)の設備に関するロスは，さらに停止ロス(①～④)，性能ロス(⑤, ⑥)，不良ロス(⑦)の3種類に分類される．これらのロスの程度は，それぞれ次式で定義される時間稼働率，性能稼働率，良品率により表される.

$$\text{時間稼働率} = \frac{\text{負荷時間} - \text{停止時間}}{\text{負荷時間}} = \frac{\text{稼働時間}}{\text{負荷時間}} \tag{8.1}$$

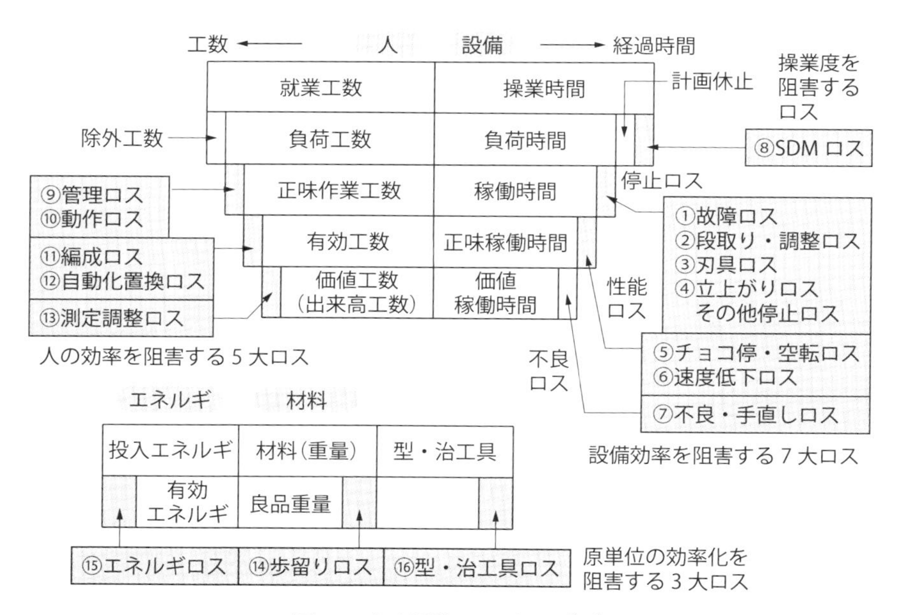

図8.1　生産活動の16大ロス[110]

$$\text{性能稼働率} = \frac{\text{基準サイクルタイム} \times \text{加工数量}}{\text{稼働時間}} = \frac{\text{正味稼働時間}}{\text{稼働時間}} \tag{8.2}$$

$$\text{良品率} = \frac{\text{加工数量} - \text{不良数量}}{\text{加工数量}} = \frac{\text{基準サイクルタイム} \times \text{良品数量}}{\text{正味稼働時間}}$$

$$= \frac{\text{価値稼働時間}}{\text{正味稼働時間}} \tag{8.3}$$

ここで，負荷時間とは，操業時間からシャットダウンメンテナンス（SDM），および計画休止により設備を利用しない時間を除いたものであり，本来稼働しているべき時間である．しかし，実際の稼働時間は，停止ロス分これより短くなる．また，正味稼働時間は，生産された数量に基準サイクルタイムを掛けたもので，稼働時間から性能ロスを引いたものである．さらに，価値稼働時間は，不良品の生産および手直しのための時間を除いた，良品数量の生産に対して本来かかるはずの稼働時間を表す．

これらを統合した指標として，設備総合効率が

$$\text{設備総合効率} = \text{時間稼働率} \times \text{性能稼働率} \times \text{良品率} = \frac{\text{価値稼働時間}}{\text{負荷時間}} \tag{8.4}$$

で定義される．上式からわかるように，設備総合効率は負荷時間に対する価値稼働時間の比である．実際に価値を生み出すのは良品だけであるから，負荷時間がすべて価値稼働時間として使われるのが理想状態であり，それ以外の時間はすべてロスとみなされる．

設備総合効率が指標として優れているのは，階層化されている点にもある．式(8.4) に示すように，設備総合効率は，時間稼働率，性能稼働率，良品率に分解できるので，設備総合効率の悪化の原因がどこにあるのかが，1 階層下の指標から判断できる．

生産管理指標の国際標準である ISO 22400 においても，設備総合効率は OEE（Overall Equipment Effectiveness）として定義されており[111]，国際的に広く認知されている指標となっている．

8.3 TPM 展開の 8 本柱と組織

TPM では，図 8.2 に示す「TPM 展開の 8 本柱」とよばれる活動に取り組む．

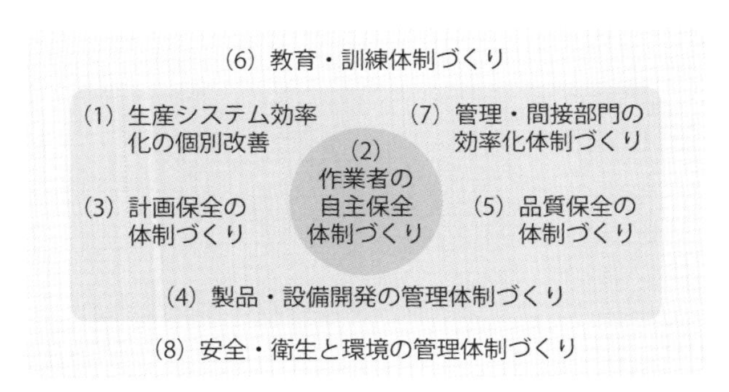

図 8.2　TPM 活動の 8 本柱

それぞれの活動内容は，以下のようになっている[110, 112]．

(1) 生産システム効率化の個別改善：生産ラインまたはプロセスや，設備ごとにプロジェクトチームを作り，ロスを調査・定量化し，削減・撲滅する活動である．

(2) 作業者の自主保全体制づくり：ロスを防ぐ TPM の特徴的な活動の一つである．作業者自らが設備を守るという自主自律体質を築くことが狙いとなっている．8.1 節で触れた見える化は，この活動で重視される概念である．たとえば，清掃などの自主保全活動を通じて，漏れ，緩み，損傷などの不具合を発見しやすくする．設備がきれいになっていれば油漏れはすぐに発見できるが，油まみれの状態では発見困難である．

(3) 計画保全体制づくり：設備の劣化診断と復元，さらには改良保全による寿命延長を行い，故障ゼロと保全費低減を図る保全部門の活動である．

(4) 製品・設備開発管理体制づくり：製品や設備の設計・開発段階において，生産時に発生が予想されるロスを未然に防ぎ，垂直立ち上げを可能とする活動である．

(5) 品質保全体制づくり：不良の出ない設備条件の設定とその維持管理を行うとともに，不良発生を予知し事前に対策することで不良ロスを防ぐ活動である．

(6) 教育・訓練体制づくり：仕事を進めるうえで必要な知識や技能を整理し，ロスの削減・防止のためのスキルアップを図る活動である．

(7) 管理・間接部門の効率化体制づくり：生産現場のロスを削減・防止する活動を支援するとともに，自部門においても同様の活動を行う．

(8) 安全・衛生と環境の管理体制づくり：災害ゼロで快適な職場を実現するとともに，資源消費・環境負荷の削減を実現する活動である．

これらの活動はそれぞれが連携しながら推進することが重要である．「個別改善」で個々のロスの削減を図り，「計画保全」で設備の劣化特性の分析に基づいて予防保全方式を定め，また，「品質保全」で不良を出さない設備条件を設定し，「自主保全」でオペレータ自らそれらの条件の維持活動をし，さらに「管理・間接部門」で事務管理の効率化と現場の支援を行うとともに，「安全・衛生・環境」で工場環境を整え，「教育・訓練」で以上の活動を担う人材を育てる，というのが活動全体の枠組みである．

TPMにおける全員参加の意味は，上記の8本柱の活動に関して，対応する各部署がそれぞれ取り組むことに加えて，トップ層，中間層，現場従業員の全員が，図8.3に示すような企業の組織構造に合わせた重複小集団組織を形成して活動に取り組むことである[112]．

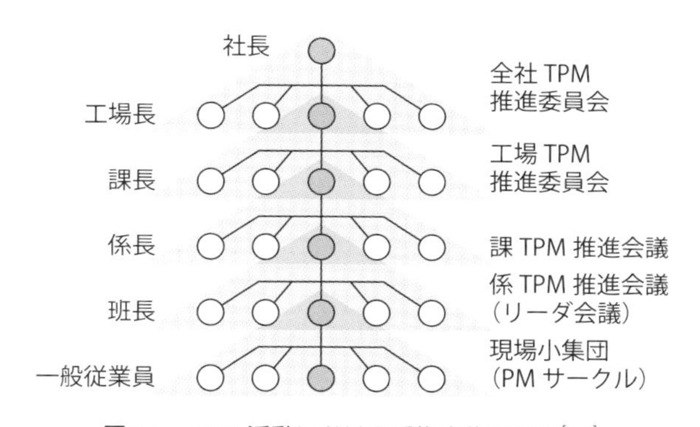

図8.3 TPM活動における重複小集団組織[110]

なお，近年では，TPM活動の範囲を，製造現場だけでなく調達・販売・在庫管理などのサプライチェーン全体にまで拡げて行うケースが増えている．また，資源・環境問題への意識の高まりから，「安全・衛生・環境」を，「安全・衛生」と「環境」の2本の柱に分けて活動する場合がある．

8.4 TPMで用いられるおもな手法

TPMでは，各柱の活動や場面に応じて様々な分析・改善手法の活用を推奨しているが，それらの中から，自主保全の7ステップ展開とPM分析の概要を紹介する．

8.4.1 ステップ展開

ステップ展開とは，段階を踏んで着実に活動を進めるというもので，TPM において多用される．とくに自主保全の 7 ステップ展開は，TPM 活動の中核をなすものである[110, 112]．

運転を通じて日々設備に接し，その状態を一番よく把握できる作業者が，異常兆候の識別や適切な処置の実施も行うことで，設備をあるべき姿に復元・維持する，というのが自主保全の概念である．しかし，これを一朝一夕で実現するのは難しいため，ステップ展開により段階的に進める．

表 8.1 は，自主保全の 7 ステップ展開を示している．第 1～第 3 ステップは，劣化を防ぐ活動段階である．設備の清掃・点検を中心とする活動を通じて，設備の基本条件を整備し，その維持体制を作る．第 4～第 5 ステップは，劣化を測る活動段階である．設備総点検技能教育と点検の実施により，劣化を防ぐ活動から劣化状態を測る活動へと発展させ，論理に裏づけられた日常点検ができる「設備に強いオペレータ」を目指す．第 6～第 7 ステップは，標準化と自主管理の仕上げの段階である．

表 8.1　自主保全の 7 ステップ展開

ステップ	名称	活動内容
1	初期清掃（清掃点検）	●設備本体を中心とするごみ・汚れの一斉排除 ●給油，増し締めの実施 ●設備の不具合の発見とその復元
2	発生源困難箇所対策	●ごみ・汚れの発生源の改善 ●飛散防止，清掃，給油，増し締め，点検の困難箇所の改善 ●それらの活動時間の短縮
3	自主保全の仮基準書の作成	●短時間で清掃，給油，増し締め，点検を確実に実施できるような行動基準の作成
4	総点検	●点検マニュアルによる点検技能教育 ●総点検実施による設備微欠陥摘出と復元
5	自主点検	●能率よく確実に実行できる自主点検チェックシートの作成と実施
6	標準化	●各種の現場管理項目の標準化を行い，維持管理の完全システム化を図る ●現場の物流基準，データ記録の標準化，型・治工具管理基準，工程品質保証基準など
7	自主管理の徹底	●会社方針・目標の展開 ●改善活動の定常化 ●劣化・故障解析に基づく設備改善

8.4.2 PM 分析

PM 分析は，TPM の思想をよく反映した分析手法である[113]．なぜなぜ分析などの手法では撲滅できない慢性化した故障や，不良などの不具合に対して適用する手法として開発された．

不具合現象を，原理・原則に従って物理的に解析してそのメカニズムを明らかにし，影響すると考えられる要因を 4M（Machine, Man, Material, Method）の面からすべてリストアップする．それらの要因の中で基準から外れたものを特定し，復元または改善を実施することで慢性ロスをなくすという考え方である．現象（Phenomena）を，物理的（Physical）に解析し，現象や設備のメカニズム（Mechanism）の理解に基づいて 4M と現象との関連性を追求する，という意味から PM 分析と名づけられている．

PM 分析は以下の 8 ステップで実施する．

(1) 現象の明確化：現象を，その現れ方，状態，発生部位，発生設備などの面から層別する．
(2) 現象の物理的解析：現象を感覚的に理解せず，物理的な見方で解析し，原理・原則から説明づける．
(3) 現象の成立する条件の列挙：現象を物理的に捉え，発生メカニズムが成立する条件を明らかにし，考えられるすべてのケースを列挙する．
(4) 4M との関連性の検討：条件が成立するための 4M との関連を検討し，因果関係があると考えられる要因のすべてをリストアップする．
(5) あるべき姿（基準値）の検討：現時点での設備精度，標準などの，異常を見つけるための基準を見直す．
(6) 調査方法の検討：リストアップされた要因が，実際にはどのようになっているのかを調査する方法を検討する．
(7) 不具合の摘出：実際に調査した結果に基づいて，あるべき姿から少しでも外れているものや，微欠陥などの不具合をリストアップする．
(8) 復元・改善の実施と維持管理：各不具合に対し，復元または改善を実施する．また，維持管理を確実に行うために必要な工数が少なくなるように工夫する．

PM 分析の基本思想を表すものとして，第 2 ステップ「現象の物理的解析」の例を表 8.2 に示す．また，研削加工の外形寸法ばらつきに対する，第 3 ステップ「現象の成立する条件の列挙」の例を図 8.4 に示す．

表 8.2　現象の物理的解析の例[113]

現象	現象は何と何の条件から成り立っているか	結び付けている物理量は何か	どのような状態に条件が崩れるのか
靴がすべる	靴底の表面と床面の間の	摩擦力が	小さい
旋削加工の外形寸法がばらつく	工作物の回転中心と刃先の間の	距離が	ばらつく

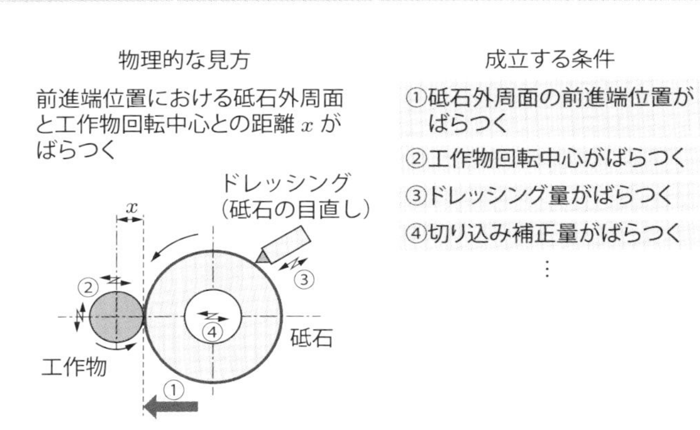

図 8.4　現象の成立する条件の列挙の例[113]

8.5　TPM の成果

生産活動におけるロスの削減・撲滅を目指した TPM は，多くの事業所で大きな成果を上げている．前述のように，TPM を実践し成果を上げた事業所を審査・表彰する制度として日本プラントメンテナンス協会が「TPM 優秀賞」とよぶ制度を設けており，これまで延べ約 3600 事業所が受賞している．2001 年度から 2019 年度までの間では，国内で 727 事業所が，海外で 1418 事業所が受賞している（国内受賞数は 90 年代後半にピークを迎えた一方，海外受賞数は 2000 年代以降急増しており，最近は海外が大多数を占めている）．このうち，国内事業所について，おもな指標の改善結果を示したのが図 8.5 である[114]．図中の BM は，対象事業所の活動開始時のベンチマーク値の平均値で，実績は受賞時の値の平均値である．故障件数，設備総合効率，工程内不良率，クレーム件数，休業災害件数ともに大きな改善が得られていることがわかる．海外事業所に関しても，同様の成果が上がっていて，絶対値としては若干国内より劣る部分はあるが，改善率は国内を上回っている．

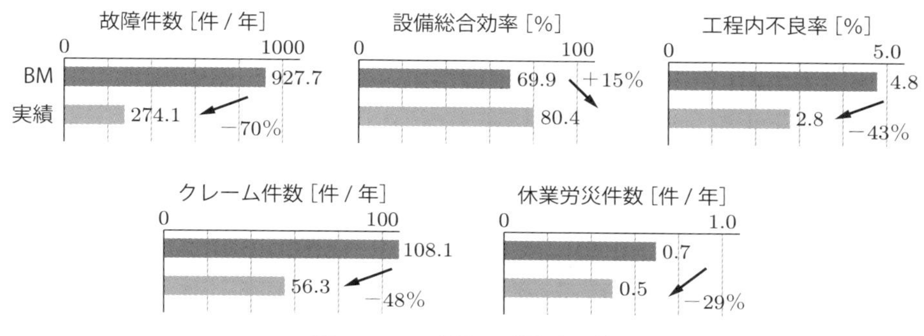

図8.5　TPM活動の成果（国内）

なお，国際レベルでのTPMの適切な理解と普及を目的として，TPMの基本的な内容に関する規格文書が，2022年にPAS1918：2022として発行されている[115]．

9 メンテナンスサービスのビジネスモデル

メンテナンスの効率化のためには，そうした活動が適正に評価されるようなメンテナンスビジネスの育成が必要である．メンテナンスの効果は長期間が経過する中で現れるため，ユーザがその重要性を認識しにくいという問題がある．適切なビジネスモデルの下で，メンテナンスサービス提供者が，製品・設備ライフサイクルを通じてユーザとの良好な関係を築くことで高効率のメンテナンスを実現していくことは，現代社会の重要な課題である．そうした観点から，本章ではメンテナンスサービス契約の問題やライフサイクルビジネスモデルの類型化を試みる．

9.1 ライフサイクルメンテナンスの目標とメンテナンスサービス契約

これまでも繰り返し述べているように，メンテナンスの目的は，製品・設備のライフサイクルを通じて，その能力を最大限に発揮させ，投入コスト，資源，環境負荷あたりの創出価値を最大化することである．コストの場合についてこのことを示すと，図9.1のようになる．すなわち，製品・設備の運転または使用によって創出される価値をシステム有効度（SE）で表し，それを最大化することと，効率化によってLCCを最小化することが目標になる．

前章で述べたTPM活動を行っている工場のように，自ら設備を所有し，運転とメンテナンスを自ら行う場合は，これら分子，分母の目標において矛盾は起きない．しかし，メンテナンスをメーカやメンテナンスサービス会社に依存している場合は，契約の形態によっては運転側とメンテナン提供側の間で目標を共有できない場合がある．

おもなメンテナンス契約の形態としては，POG契約，フルメンテナンス契約，および長期契約を結ばずに不具合が発生するたびに処置を依頼するスポットメンテナンス（または，パーコールメンテナンス）がある．POGとはParts，Oil，Greaseの略で，給油や消耗品の交換などは基本料金に含めるが，その他の部品，修理費用は別料金になる契約である．POG契約やスポットメンテナンスの場合，

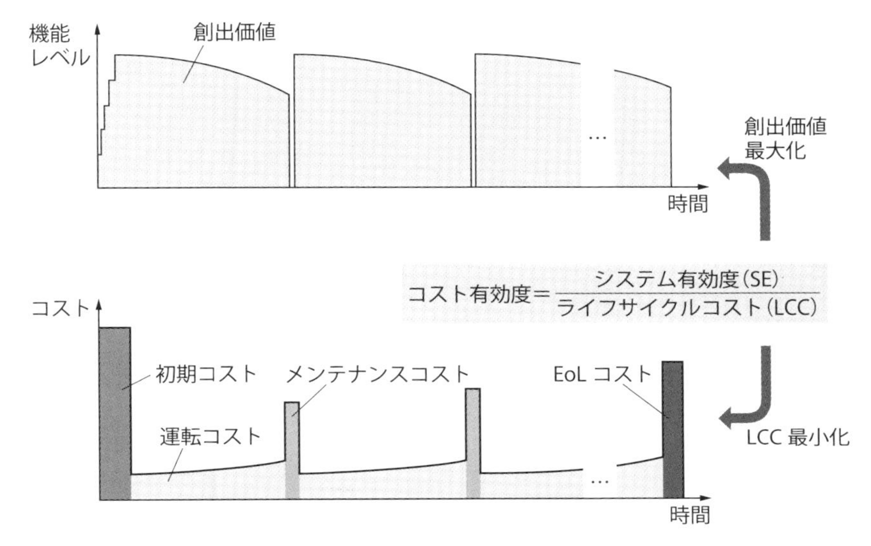

図 9.1　ライフサイクルメンテナンスマネジメントの目標

メンテナンス提供企業にとっては，作業が多く発生するほど売り上げが増えるので，LCC の最小化に資するメンテナンス作業の効率化や故障予防に対するインセンティブは強くならない．

これに対して，フルメンテナンス契約の場合は，点検，劣化部品の交換，突発的な故障への対応などすべてが料金に含まれるので，メンテナンス提供企業にとってもメンテナンスの効率化のモチベーションが高くなる．さらに，航空機エンジンのメンテナンス契約方式として知られている Power-by-the-Hour[17] に代表されるような飛行時間に応じた従量制課金方式の場合は，メンテナンスサービス会社にとっては，分母に効くメンテナンスコストの最小化だけでなく，分子の創出価値の最大化もメリットとなり，運転側と目標を共有することができる．

9.2　メンテナンスサービスビジネスの展開

前節では，主として製品・設備のユーザの立場からメンテナンスサービスの契約形態の違いを考えた．次に，メンテナンスサービスを提供する側の立場からメンテナンスビジネスの展開について考える．

これまで，製品・設備メーカにとって，メンテナンスは販売促進のための付帯的なサービス程度に考えられていた．昇降機やボイラーのように法令で定められているものを除き，ユーザは製造設備などを自らメンテナンスすることが多かったためである．しかし近年では，メンテナンスを非中核業務としてアウトソーシングしたり，人手不足対策で新たに自動化機器の導入を進めたりといった理由で，メンテナンスサービスに対する需要が高まってきている．また，メーカ側も新規需要を対象としたBoL段階だけのビジネスに限界を感じており，MoLやEoL段階にビジネスを拡大することを目的として，メンテナンスサービスやリマニュファクチャリングなどのライフサイクルビジネスに力を入れる傾向にある．

IoT技術などの発達により，リモートメンテナンスサービスの提供が可能になっていることも，このような傾向を促進しているといえる．制御装置やセンサから得られる製品・設備の状態に関する情報を，インターネット経由で取得することで，故障を予知したり，不具合に素早く対応したりできる．ガスタービンや工作機械など，運転による負荷の蓄積で劣化が進行するような製品・設備に対して，そのようなサービスの適用が進んでいる[116, 117]．

一方で，メンテナンスサービスを中心としたライフサイクルビジネスには，かなり以前から存在しているものもある．前述の性能保証型従量制メンテナンスビジネスモデルであるPower-by-the-Hourはロールス・ロイス社が1962年に考案したものといわれている[17]．また，これに先立つ1960年には，ハロイド・ゼロックス社（現ゼロックス社）が普通紙複写機のレンタル販売を開始している[118]．月額レンタル料95ドル，コピー2000枚まで追加料金なしで，それ以上はコピー1枚につき約4セントの従量制を採用した．これがその後の複写機のビジネスモデルの基になった．両者ともに共通するのは，本体が高額なことと，性能を維持するために比較的頻繁なメンテナンスが欠かせないという特徴をもっていることである．

メンテナンスサービス，あるいはライフサイクルビジネスを成功させるためには，製品・設備の特徴に適したビジネスモデルの設計が重要であることが，以上の例から示唆される．

9.3 ライフサイクルビジネスモデルの類型化

製品・設備のメンテナンスやライフサイクルを対象としたサービス設計とそれに適したビジネスモデルの構築の問題は，近年，製造業のサービス化（Servitization）[119]やPSS（Product Service System）[120]といったキーワードの下で議論されるようになっている．

ライフサイクルビジネスモデルを検討するにあたっては，製品・設備による価値創出に必要な役割分担を検討する必要がある．図 9.2 は，メンテナンスサービスビジネスに関連するステークホルダを，その役割の面から列挙したものである．中心となる創出価値を享受するユーザは，特定，特定グループ，不特定の場合がある．通常，ユーザは特定の個人や企業になることが多いが，たとえばマンションで自転車をシェアリングするような場合は特定ユーザグループになり，一般向けの自転車シェアリングの場合は不特定ユーザになる．

表 9.1 では，上記の各役割をどのステークホルダが担うかということと，ステークホルダ間の契約形態ついての選択肢を示してある．これらの各項目の組み合わせ

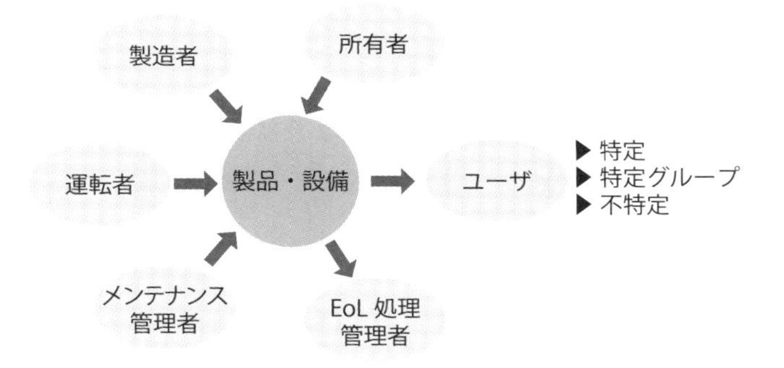

図 9.2　メンテナンスサービスに関係するステークホルダ

表 9.1　ビジネスモデルを構成する各項目の選択肢

項目	とり得る値[1]
所有者	ユーザ，提供企業，他者
課金方法	一括，定額，従量[2]
ユーザ	特定，特定グループ，不特定
使用方法	独占使用，タイムシェアリング[3]，プーリング[4]
使用期間	無制限，特定期間
運転者	ユーザ，提供企業，他者
メンテナンス管理	ユーザ，提供企業，他者
回収管理	ユーザ，提供企業，他者

1）分類細目ごとに値を選択することにより，提供方法が決定される
2）従量：電気料金のように使用量に応じて徴収する課金方法
3）タイムシェアリング：レンタカーのように 1 製品を複数ユーザで使用する場合
4）プーリング：自動車の相乗りのように 1 製品を複数人が同時に使用する場合

表 9.2　自動車に対する各種のビジネスモデルにおける各項目値

<table>
<tr><th>項目</th><th>売り切り</th><th>サブスクリプション</th><th>カーシェア</th><th>ライドシェア</th></tr>
<tr><td>所有者</td><td>ユーザ</td><td colspan="2">提供企業</td><td>他者</td></tr>
<tr><td>課金方法</td><td>一括</td><td>定額/月</td><td colspan="2">従量</td></tr>
<tr><td>ユーザ</td><td colspan="2">特定</td><td colspan="2">不特定</td></tr>
<tr><td>使用方法</td><td colspan="2">独占使用</td><td colspan="2">タイムシェアリング</td></tr>
<tr><td>使用期間</td><td>無制限</td><td>契約期間</td><td colspan="2">特定期間</td></tr>
<tr><td>運転者</td><td colspan="3">ユーザ</td><td rowspan="3">他者</td></tr>
<tr><td>メンテナンス管理</td><td rowspan="2">ユーザ</td><td colspan="2" rowspan="2">提供企業</td></tr>
<tr><td>回収管理</td></tr>
</table>

を決めることによってビジネスモデルの骨格を定めることができる．たとえば表 9.2 には，自動車に関して，売り切り，サブスクリプション，カーシェアリング，ライドシェアリングの場合に各項目がとる値を示してある（それぞれの提供形態の中でも様々なオプションがあり得るが，ここでは一般的な例を示した）．メンテナンスに関しては，サブスクリプション，カーシェアリングの場合は提供企業が行うため，計画的なメンテナンスが可能である．ただし，特定ユーザが対象となるサブスクリプションに対して，不特定ユーザが対象となるカーシェアリングでは，メンテナンスの頻度を高くする必要があると考えられる．このように，ビジネスモデルの形態に応じてメンテナンスの方法を考えることも必要である．

参考文献

[1] Report of the World Commission on Environment and Development: Our Common Future, Oxford University Press (1987).

[2] 環境省，日本の廃棄物処理の歴史と現状，一般財団法人日本環境衛生センター（2014）.

[3] 日本貿易振興機構（JETRO）海外調査部欧州課，欧州環境関連法制度の概要と事例研究（平成 16 年度欧州拡大研究会）(2004).

[4] European Commission, Roadmap to a Resource Efficient Europe, COM(2011) 571 (2011).

[5] European Commission, Closing the loop - An EU action plan for the Circular Economy, COM(2015) 614 (2015).

[6] European Commission, A new Circular Economy Action Plan - For a cleaner and more competitive Europe, COM(2020) 98 (2020).

[7] European Commission, The European Green Deal, COM(2019) 640 (2019).

[8] 2050 年カーボンニュートラルに伴うグリーン成長戦略，内閣官房成長戦略会議（第 6 回）配付資料 2（2020）.

[9] Umeda, Y., Takata, S., Kimura, F., Tomiyama, T., Sutherland, J. W., Kara, S., Herrmann, C., Duflou, J. R., Toward integrated product and process life cycle planning-An environmental perspective, CIRP Annals-Manufacturing Technology, 61/2, pp.681-702 (2012).

[10] ライフサイクルデザイン（LCD）指標体系に基づく人工物設計・生産の評価指針―LCD 戦略に向けた構造的評価方法―，日本学術会議，人工物設計・生産研究連絡委員会，生産システム学専門委員会（2003）.

[11] 日比宗平，ライフサイクル・コスティング，日本プラントエンジニアリング協会（1981）.

[12] 伊坪徳宏ほか，LCA 概論，産業環境管理協会（2007）.

[13] 醍醐市朗，橋本征二，物質フロー分析の近年の動向と課題，廃棄物資源循環学会誌，Vol.20, No.5, pp.254-263 (2009).

[14] 日本環境効率フォーラム「ファクター X」標準化に関する WG，製品の環境効率指標の標準化に関するガイドライン（2009）.

[15] 髙田祥三，製品ライフサイクルのシミュレーション，計測と制御，Vol.43, No.5, pp.395-400 (2004).

[16] 髙田祥三，ライフサイクルシミュレーション，最近の化学工学 69，バリューチェーンと単位操作から見たリサイクル，3.4 節，化学工学会，pp.159-175 (2020).

[17] Rolls Royce celebrate 50th anniversary of Power-by-the-Hour, https://www.rolls-royce.com/media/press-releases-archive/yr-2012/121030-the-hour.aspx（最終確認 2024.8.25）

[18] https://www.lighting.philips.co.uk/campaigns/art-led-technology（最終確認 2024.8.25）.

[19] 松下電器グループ環境経営報告書 2003, p.15（2003）.

[20] https://www2.panasonic.biz/ls/lease/lighting-e-support/（最終確認 2024.8.25）.
[21] 大沼妙子，妹尾堅一郎，伊澤久美，瀬川丈史，ブリヂストン業務用タイヤ事業への「サービスビジネスモデル」適用～事例を通じた製造業のサービス化に関する一考察⑥～，イノベーション学会年次学術大会講演要旨集，31, pp. 168–171（2016）.
[22] 2024 年 4–6 月期の固定資本ストック速報：結果の概要，内閣府経済社会総合研究所国民経済計算部（2024.9.30）.
[23] 湯田晋也，鈴木英明，保全サービスのデジタル化，2017 年度精密工学会春季大会学術講演会講演論文集，pp.887–888（2017）.
[24] インフラ維持管理・更新・マネジメント技術成果事例紹介，内閣府戦略的イノベーション創造プログラム（2018）.
[25] 日本冷凍空調工業会 業務用エアコン委員会，業務用エアコンを長く安心してお使いいただくために 定期的な保守・点検のおすすめ（2021）.
[26] 髙田祥三，ライフサイクルメンテナンス，精密工学会誌，Vol.65, No.3, pp.349–355（1999）.
[27] 臼田悠太，萩原正弥，階層故障分類法を用いた故障診断データベースの開発（情報共有化のための機械要素データの統一書式化について），日本機械学会 2014 年度年次大会講演論文集，S1170204（2014）.
[28] JIS Z 8115：2019，ディペンダビリティ（総合信頼性）用語，日本規格協会（2019）.
[29] 機械・構造物の破損事例と解析技術，日本機械学会（1984）.
[30] 保全方式の決定基準等に関する調査研究，日本プラントメンテナンス協会（1997）.
[31] 塩見弘，故障物理の現状と課題，応用物理，Vol.45, No.6, pp.559–564（1976）.
[32] 塩見弘，故障物理入門—保証科学の解析的アプローチ，日科技連出版社（2000）.
[33] たとえば，真壁肇，信頼性工学入門，日本規格協会（2010）.
[34] Nowlan, F. S., Heap, H. F., Reliability-centered Maintenance, Proc. of Annual Reliability and Maintainability Symposium（1978）.
[35] 冨山哲男，吉川弘之，機能論構築を目指して—設計の立場から—，精密工学会誌，Vol.56, No.6, pp.964–968（1990）.
[36] 吉川弘之，信頼性工学，コロナ社（1979）.
[37] Takata, S., Hiraoka, H., Asama, H., Yamaoka, N., Saito, D., Facility Model for Life Cycle Maintenance System, CIRP Annals-Manufacturing Technology, Vol.44/1, pp.117–121（1995）.
[38] 塩野寛，髙田祥三，設備モデルを活用した事例ベース設備劣化予測システム，日本設備管理学会誌，Vol.9, No.1, pp.11–18（1997）.
[39] JIS C 5750–4–3：2021，ディペンダビリティマネジメント—第 4–3 部：システム信頼性のための解析技法—故障モード・影響解析（FMEA 及び FMECA），日本規格協会（2021）.
[40] JIS C 5750–4–4：2011，ディペンダビリティマネジメント—第 4–4 部：システム信頼性のための解析技法—故障の木解析（FTA），日本規格協会（2011）.
[41] たとえば，益田昭彦，青木茂弘，幸田武久，高橋正弘，中村雅文，和田浩，新 FTA 技法，日科技連出版社（2013）.
[42] たとえば，益田昭彦，高橋正弘，本田陽広，新 FMEA 技法，日科技連出版社（2012）.
[43] 岩波好夫，図解 IATF 16949 よくわかる FMEA，日科技連出版社（2021）.
[44] McDermott, R. E., Mikulak, R. J., Beauregard, M. R., 原田陽史（訳），FMEA の基礎［第 2 版］，日本規格協会（2010）.
[45] 鈴木順二郎，牧野鉄治，石坂茂樹，FMEA・FTA 実施法，日科技連出版社（1982）.

[46] Weichbrodt, B, Mechanical Signature Analysis, A New Tool for Product Assurance and Early Fault Detection, Proc. 5th Reliability and Maintainability Conf., pp.569-581 (1966).
[47] 佐田登志夫，髙田祥三，設備診断技術の現状と将来，計測と制御，Vol.25, No.10, pp.863-870 (1986).
[48] 岡崎栄三，大笹健治，保全管理コンピュータシステム（ADAMS）の開発 , プラントエンジニア，Vol.18, No.12, pp.63-71 (1986).
[49] 日本学術振興会・産学連携第 180 委員会「リスクベース設備管理」テキスト編集分科会編，リスクベースメンテナンス入門―RBM―，養賢堂 (2017).
[50] 髙田祥三，設備のライフサイクルマネジメントにおけるメンテナンスと更新の統合計画，検査技術，2016/12, pp.1-6 (2016).
[51] Breidert, C., Hahsler, M., Reutterer, T., A Review of Methods for Measuring Willingness-to-pay, Innovative Marketing, Vol.2, Issue 4, pp.8-32 (2006).
[52] 木下栄蔵，入門 AHP，日科技連出版社 (2000).
[53] 日本学術振興会・産学連携第 180 委員会「リスクベース設備管理」被害・影響度評価分科会編，リスクベースマネジメントにおける影響度評価，養賢堂，pp.148-163 (2020).
[54] 髙田祥三，メンテナンスマネジメントの基礎と応用，プラントエンジニア，Vol.52, No.10, pp.1-18 (2020).
[55] Tsutsui, M., Takata, S., Life Cycle Maintenance Planning Method in Consideration of Operation and Maintenance Integration, Production Planning & Control: The Management of Operations, Vol.23, Nos.2-3, pp.183-193 (2012).
[56] 堀倫裕，畑明仁，リスクを考慮したアセットマネジメント支援システムの開発，大成建設技術センター報，第 43 号，pp.47-1～8 (2010).
[57] 中野金次郎，トコトンやさしい TPM の本，日刊工業新聞社 (2005).
[58] 大島栄次ほか，RCM その課題と可能性(1)～(11)，プラントエンジニア，Vol.30, No.5～Vol.31, No.3 (1998.5～1999.3).
[59] 米谷豪恭，松原英明，奥貫孝他，特集 最新の航空機整備プログラム開発手法について―MSG-3 の最新状況概説（上），航空技術，No.609, pp.28-39 (2005).
[60] 松島秀介，片柳大二，原子力プラントへの RCM の適用と保全性解析手法の検討，日本信頼性学会誌 信頼性，Vol.17, No.6, pp.76-79 (1995).
[61] IEC 60300-3-11：1999, Dependability management-Part 3-11: Application guide-Reliability centred maintenance (1999).
[62] IEC 60300-3-11：2009, Dependability management-Part 3-11: Application guide-Reliability centred maintenance (2009).
[63] 山内愼二，久郷信俊，幸田武久，水口大知，黒田豊，国際規格 IEC 60300-3-11（RCM）について―IEC ディペンダビリティ規格研究会報告―，信頼性シンポジウム発表報文集，セッション 6-3, pp.87-90 (2011).
[64] Vo, T. V., Gore, B. F., Simonen, F. A., Doctor, S. R., Risk assessment in setting inservice inspection priorities at Light Water Reactors, Nuclear Engineering and Design, Vol.142. pp.239-253 (1993).
[65] Risk-based Inspection―Development of Guidelines, Volume 1, General Document, ASME, CRTD-Vol.20-1 (1991).
[66] Risk-based Inspection Base Resource Document, API Publication 581, American

Petroleum Institute (2000).
[67] Risk-based Inspection, API Recommended Practice 580, American Petroleum Institute (2002).
[68] CEN-EN 16991, Risk-based inspection framework (2018).
[69] HPIS Z 106：2018，リスクベースメンテナンス，日本高圧力技術協会（2018).
[70] HPIS Z 107-1TR～4TR，リスクベースメンテナンスハンドブック，日本高圧力技術協会 (2010, 2011).
[71] たとえば，酒井信介，リスクベースメンテナンスによる保全計画の合理化，オペレーションズ・リサーチ，Vol.57, No.9（2012).
[72] 高田努，テロテクノロジーの技術的課題，日本機械学会誌，Vol.79, No.692, pp.654-659 (1976).
[73] R. A. コラコット（佐田登志夫監訳)，機械故障診断，日本プラントエンジニア協会（1980).
[74] 金倉三養基，設備診断技術の現状と将来，日本機械学会誌，Vol.84, No.754, pp.971-978 (1981).
[75] 今村誠，予知保全のための機械学習，システム/制御/情報，Vol.65, No.4, pp.119-125, (2021).
[76] 井手剛，入門機械学習による異常検知―R による実践ガイド―，コロナ社（2020).
[77] 豊田利夫，設備診断技術とその動向，ターボ機械，Vol.11, No.4, pp.226-231 (1983).
[78] 中村隆顕，発電プラントにおける異常診断・要因分析ソリューション，システム/制御/情報，Vol.65, No.4, pp.138-143, (2021).
[79] Bertok, P., Takata, S., Matsushima, K., Ootsuka,J., Sata, T., A System for Monitoring the Machining Operation by Referring to a Predicted Cutting Torque Pattern, CIRP Annals-Manufacturing Technology, Vol.32/1, pp.439-444 (1983).
[80] 設備管理技術の新展開に関する報告書，日本機械工業連合会（2009).
[81] 日本プラントメンテナンス協会実践保全技術シリーズ編集委員会編，設備診断技術，日本プラントメンテナンス協会（1990).
[82] 大島栄次監修，設備診断予知保全実用事典，フジ・テクノシステム（1988).
[83] 牧修市，最新実用設備診断技術，総合技術センター（1989).
[84] 日本機械学会編，機械システムの状態監視と診断技術，コロナ社（2021).
[85] 谷村康行，絵とき 非破壊検査基礎のきそ，日刊工業新聞社（2011).
[86] 水谷義弘，図解入門よくわかる 最新非破壊検査の基本と仕組み，秀和システム（2010).
[87] 萩原将文，ディジタル信号処理（第 2 版・新装版)，森北出版（2020).
[88] R. H. Bannister, A Review of Rolling Element Bearing Monitoring Techniques, Condition Monitoring of Machinery and Plant, 11, Mechanical Engineering Publications Ltd. (1985).
[89] 四阿佳昭，潤滑技術・管理による設備の安定稼働と長寿命化，新日鉄住金技法，Vol.402, pp.25-31 (2015).
[90] 本田知己，潤滑油の劣化診断・検査技術，精密工学会誌，Vol.75, No.3, pp.359-362 (2009).
[91] 日本機械学会編，機械工学便覧デザイン編 β4，機械要素・トライボロジー，p.194 (2005).
[92] Seifert, W. W., Westcott, V. C., A method for the Study of Wear Particles in Lubricating Oil, Wear, Vol.21, Issue 1, pp.27-42 (1972).
[93] JIS Z 2300：2020，非破壊検査用語，日本規格協会（2020).
[94] 劉信芳，馮芳，中村孝博，誘導電動機の電流信号による回転機械系の監視診断，日本機械学会 [No. 16-58] 第 15 回評価・診断に関するシンポジウム講演論文集，pp.72-75 (2016).

[95] 伊藤一夫，電力監視を基にした工作機械の診断技術，精密工学会誌，Vol.83, No.3, pp.214-219 (2017).
[96] 阪上隆英，赤外線画像計測に基づく状態監視および非破壊検査技術，溶接学会誌，Vol.90, No.8, pp.556-576 (202).
[97] Jay Lee, et al., Intelligent Maintenance Systems and Predictive Manufacturing, J. Manuf. Sci. Eng. Nov. 2020, Vol.142, Issue 11: 110805, pp.1-23 (2020).
[98] 相吉英太郎，安田恵一郎，メタヒューリスティクスと応用，電気学会 (2007).
[99] OpenO&M, https://www.openoandm.org/(最終確認 2024.8.25).
[100] Condition Based Operations for Manufacturing, OpenO&M (2004), https://www.mimosa.org/white-papers/condition-based-operations-for-manufacturing/(最終確認 2024.8.25).
[101] Manson, S. S., Haferd, A. M., A Linear Time-Temperature Relation for Extrapolation of Creep and Stress Rupture Data, NACA TN 2890 (1953).
[102] 独立行政法人物質・材料研究機構，金属材料データベース，https://metallicmaterials.nims.go.jp/(最終確認 2024.8.25).
[103] 大野薫，井川孝之，モンテカルロ法入門，金融財政事情研究会 (2015).
[104] 小林潔司，インフラストラクチャ・マネジメント研究の課題と展望，土木学会論文集，Vol.2003, No.744, pp.15-27 (2003).
[105] 三輪昌隆，宮原孝夫，設備維持管理計画の価値評価に対する制御マルコフ過程によるリアルオプションアプローチ，リアルオプション研究，Vol.3, No.1, pp.1-23 (2010).
[106] Iijima, H., Takata, S., Condition Based Renewal and Maintenance Integrated Planning, CIRP Annals-Manufacturing Technology, Vol.65/1, pp.37-40 (2016).
[107] 伊藤史人，高見澤秀幸，佐藤郁哉，学内サーバ室の環境温度の考察，学術情報処理研究，No.15, pp.98-107 (2011).
[108] Iijima, H., Yoshida, S., Takata, S., Module-based Renewal Planning of Energy Using Products for Reducing Environmental Load and Life Cycle Cost, Procedia CIRP, Vol.29, pp.162-167 (2015).
[109] 伊坪徳宏，稲葉敦編，LIME2：意思決定を支援する環境影響評価手法，産業環境管理協会 (2010).
[110] 中嶋清一，白勢国夫監修，生産革新のための新 TPM 展開プログラム 加工組立編，日本プラントメンテナンス協会 (1992).
[111] ISO 22400-2, Automation systems and integration—Key performance indicators (KPIs) for manufacturing operations management—, Part 2: Definitions and descriptions (2014).
[112] TPM オンライン，https://tpmonline.jp/(最終確認 2024.8.25)
[113] 白勢國夫, 金田貢, PM 分析理論と実践マニュアル, —ロスゼロ達成への論理的アプローチ, 日本能率協会コンサルティング (2000).
[114] JIPM 社団法人化 40 年 TPM 提唱 50 年のあゆみ, 日本プラントメンテナンス協会 (2021).
[115] PAS1918：2022, Total productive maintenance (TPM)—Implementing key performance indicators-Guide (2022).
[116] たとえば，三上尚高，発電用大型ガスタービン向け遠隔監視システム，日本ガスタービン学会誌，Vol.42, No.2, pp.76-81 (2014).
[117] たとえば，Mori, M., Fujishima, M., Komatsu. M., Zhao, B., Liu, Y., Development of

Remote Monitoring and Maintenance System for Machine Tools, CIRP Annals-Manufacturing Technology, Vol.57/1, pp.433-436 (2008).
[118] 渋沢社史データベース，https://shashi.shibusawa.or.jp/details_nenpyo.php?sid=5585&query=&class=&d=all&page=3 (最終確認 2024.8.25).
[119] 特集：製造業のサービス化～国際動向～，サービソロジー，Vol.2, No.3 (2015).
[120] Mont, O., Tukker, A., Product-Service Systems: Reviewing Achievements and Refining the Research Agenda, Journal of Cleaner Production, Vol.14, Issue 17, pp.1451-1454 (2006).

索　引

著者略歴
髙田祥三（たかた・しょうぞう）
1978 年　東京大学大学院工学系研究科博士課程修了
1978 年　東洋大学工学部機械工学科専任講師
1980 年　東洋大学工学部機械工学科助教授
1990 年　大阪大学工学部電子制御機械工学科助教授
1992 年　早稲田大学理工学部工業経営学科（現創造理工学部経営システム工学科）教授
2020 年　早稲田大学名誉教授
現在に至る
工学博士

実務者のための 製品・設備のライフサイクルメンテナンス入門

2024 年 12 月 13 日　第 1 版第 1 刷発行

著者　髙田祥三

編集担当　富井　晃（森北出版）
編集責任　藤原祐介（森北出版）
組版　コーヤマ
印刷　ワコー
製本　協栄製本

発行者　森北博巳
発行所　森北出版株式会社
〒102-0071　東京都千代田区富士見 1-4-11
03-3265-8342（営業・宣伝マネジメント部）
https://www.morikita.co.jp/

ISBN978-4-627-85771-1